■ゼロからはじめる【アクオス センスナイン】

AQUOS sense 9
docomo
スマートガイド
ドコモ完全対応版

【AQUOS sense9 SH-53E】

技術評論社編集部 著

技術評論社

CONTENTS

Chapter 1
AQUOS sense9 SH-53E のキホン

Section 01　AQUOS sense9 SH-53Eについて　8

Section 02　電源のオン／オフとロックの解除　10

Section 03　SH-53Eの基本操作を覚える　12

Section 04　ホーム画面の使い方　14

Section 05　情報を確認する　16

Section 06　ステータスパネルを利用する　18

Section 07　アプリを利用する　20

Section 08　ウィジェットを利用する　22

Section 09　文字を入力する　24

Section 10　テキストをコピー＆ペーストする　30

Section 11　Googleアカウントを設定する　32

Section 12　ドコモのIDとパスワードを設定する　36

Chapter 2
電話機能を使う

Section 13　電話をかける／受ける　44

Section 14　履歴を確認する　46

Section 15　伝言メモを利用する　48

Section 16　通話音声メモを利用する　50

Section 17　ドコモ電話帳を利用する　52

Section 18 着信拒否を設定する 58

Section 19 通知音や着信音を変更する 60

Section 20 操作音やマナーモードを設定する 62

Chapter 3
インターネットとメールを利用する

Section 21 Webページを閲覧する 66

Section 22 Webページを検索する 68

Section 23 複数のWebページを同時に開く 70

Section 24 ブックマークを利用する 74

Section 25 SH-53Eで使えるメールの種類 76

Section 26 ドコモメールを設定する 78

Section 27 ドコモメールを利用する 82

Section 28 メールを自動振分けする 86

Section 29 迷惑メールを防ぐ 88

Section 30 ＋メッセージを利用する 90

Section 31 Gmailを利用する 94

Section 32 Yahoo!メール／PCメールを設定する 96

CONTENTS

Chapter 4
Googleのサービスを使いこなす

Section 33　Googleアシスタントを利用する　100
Section 34　新しいAIアシスタント（Gemini）を利用する　102
Section 35　Google Playでアプリを検索する　104
Section 36　アプリをインストール／アンインストールする　106
Section 37　有料アプリを購入する　108
Section 38　Googleマップを使いこなす　110
Section 39　紛失したSH-53Eを探す　114
Section 40　YouTubeで世界中の動画を楽しむ　116

Chapter 5
音楽や写真、動画を楽しむ

Section 41　パソコンから音楽／写真／動画を取り込む　120
Section 42　本体内の音楽を聴く　122
Section 43　写真や動画を撮影する　124
Section 44　カメラの撮影機能を活用する　128
Section 45　Googleフォトで写真や動画を閲覧する　134
Section 46　Googleフォトを活用する　139

Chapter 6
ドコモのサービスを利用する

Section 47　dメニューを利用する　142
Section 48　my daizを利用する　144

Section 49　My docomoを利用する 146

Section 50　d払いを利用する 148

Section 51　SmartNews for docomoでニュースを読む 150

Section 52　スケジュールで予定を管理する 152

Section 53　ドコモのアプリをアップデートする 154

Chapter 7
SH-53E を使いこなす

Section 54　ホーム画面をカスタマイズする 156

Section 55　壁紙を変更する 158

Section 56　不要な通知を表示しないようにする 160

Section 57　画面ロックに暗証番号を解除する 162

Section 58　指紋認証で画面ロックを設定する 164

Section 59　顔認証で画面ロックを解除する 166

Section 60　スクリーンショットを撮る 168

Section 61　スリープモードになるまでの時間を変更する 170

Section 62　リラックスビューを設定する 171

Section 63　電源キーの長押しで起動するアプリを変更する 172

Section 64　アプリのアクセス許可を変更する 173

Section 65　エモパーを活用する 174

Section 66　画面のダークモードをオフにする 177

Section 67　おサイフケータイを設定する 178

Section 68　バッテリーや通信量の消費を抑える 180

Section 69	Wi-Fiを設定する	182
Section 70	Wi-Fiテザリングを利用する	184
Section 71	Bluetooth機器を利用する	186
Section 72	SH-53Eをアップデートする	188
Section 73	SH-53Eを初期化する	189

ご注意：ご購入・ご利用の前に必ずお読みください

●本書に記載した内容は、情報の提供のみを目的としています。したがって、本書を用いた運用は、必ずお客様自身の責任と判断によって行ってください。これらの情報の運用の結果について、技術評論社および著者、アプリの開発者はいかなる責任も負いません。

●ソフトウェアに関する記述は、特に断りのない限り、2024年12月現在での最新バージョンをもとにしています。ソフトウェアはバージョンアップされる場合があり、本書での説明とは機能内容や画面図などが異なってしまうこともあり得ます。あらかじめご了承ください。

●本書は以下の環境で動作を確認しています。ご利用時には、一部内容が異なることがあります。あらかじめご了承ください。
　端末 ： AQUOS sense9 SH-53E（Android 14）
　パソコンのOS ： Windows 11

●本書はダークモードをオフにした状態で解説しています。ダークモードをオフにする方法は、Sec.66を参照してください。

●インターネットの情報については、URLや画面などが変更されている可能性があります。ご注意ください。

以上の注意事項をご承諾いただいたうえで、本書をご利用願います。これらの注意事項をお読みいただかずに、お問い合わせいただいても、技術評論社は対処しかねます。あらかじめ、ご承知おきください。

■本書に掲載した会社名、プログラム名、システム名などは、米国およびその他の国における登録商標または商標です。本文中では、™、®マークは明記していません。

Chapter

1

AQUOS sense9
SH-53Eのキホン

Section 01	AQUOS sense9 SH-53Eについて
Section 02	電源のオン／オフとロックの解除
Section 03	SH-53Eの基本操作を覚える
Section 04	ホーム画面の使い方
Section 05	情報を確認する
Section 06	ステータスパネルを利用する
Section 07	アプリを利用する
Section 08	ウィジェットを利用する
Section 09	文字を入力する
Section 10	テキストをコピー&ペーストする
Section 11	Googleアカウントを設定する
Section 12	ドコモのIDとパスワードを設定する

Section 01

AQUOS sense9 SH-53Eについて

AQUOS sense9 SH-53Eは、ドコモから発売されたシャープ製のスマートフォンです。Googleが提供するスマートフォン向けOS「Android」を搭載しています。

SH-53Eの各部名称を覚える

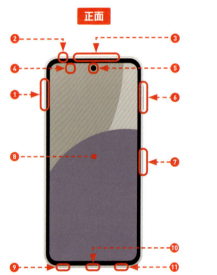

1	nanoSIMカード／microSDカードトレイ	9	送話口／マイク
2	マイク	10	USB Type-C接続端子
3	受話口／スピーカー	11	スピーカー
4	近接センサー／明るさセンサー	12	モバイルライト
5	インカメラ	13	広角カメラ
6	音量UP／DOWNキー	14	標準カメラ
7	電源キー／指紋センサー	15	ଵマーク
8	ディスプレイ／タッチパネル		

SH-53Eの特徴

AQUOS sense9 SH-53Eは、5Gによる高速通信に対応したAndroid 14搭載のスマートフォンです。従来の携帯電話のように、通話やメール、インターネットなどを利用できるだけでなく、ドコモやGoogleが提供する各種サービスとの強力な連携機能を備えています。なお、本書では同端末をSH-53Eと型番で表記します。

● 標準と広角の2つのカメラ

標準と広角の2つのカメラを搭載しています。被写体やシーンを自動的に判別し、最適な画質やシャッタースピードに設定してくれるので、誰でもかんたんにきれいな写真を撮ることができます。最大8倍のデジタル×光学ズームで写真を撮影できます。

● 大容量バッテリー　　● 高画質なディスプレイ

5000mAhの大容量バッテリーを搭載しています。また、バッテリーの劣化や膨張を抑える「インテリジェントチャージ」に対応しています。

明るい野外でも見やすい高輝度ディスプレイを搭載しています。また、最大240Hzのなめらかで残像の少ない映像を楽しむことができます。

Section 02

電源のオン／オフと ロックの解除

電源の状態には、オン、オフ、スリープモードの3種類があります。3つのモードは、すべて電源キーで切り替えが可能です。一定時間操作しないと、自動でスリープモードに移行します。

ロックを解除する

① スリープモードで電源キー／指紋センサーを押します。

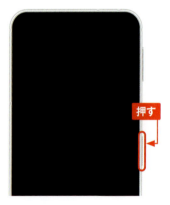

押す

② ロック画面が表示されるので、画面を上方向にスライド（P.13参照）します。

スライドする

③ ロックが解除され、ホーム画面が表示されます。再度、電源キーを押すと、スリープモードになります。

MEMO スリープモードとは

スリープモードは画面の表示を消す機能です。本体の電源は入ったままなので、すぐに操作を再開できます。ただし、通信などを行っているため、その分バッテリーを消費してしまいます。電源を完全に切り、バッテリーをほとんど消費しなくなる電源オフの状態と使い分けましょう。

電源を切る

① 音量UPキーと電源キーを同時に押します。

② 表示された画面の[電源を切る]をタッチすると、数秒後に電源が切れます。

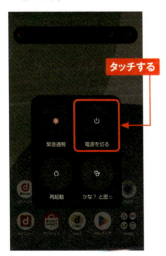

③ 電源をオンにするには、電源キーを3秒以上押します。

MEMO ロック画面からのカメラの起動

ロック画面からカメラを起動するには、ロック画面で🅾を画面中央にスワイプします。

Section **03**

SH-53Eの基本操作を覚える

SH-53Eのディスプレイはタッチパネルです。指でディスプレイをタッチすることで、いろいろな操作が行えます。また、本体下部のナビゲーションバーにあるキーの使い方も覚えましょう。

ナビゲーションバーのボタンの操作

ナビゲーションバー
戻るボタン　ホームボタン　履歴ボタン

MEMO ナビゲーションバーのボタンとメニューボタン

本体下部のナビゲーションバーには、3つのボタンがあります。ボタンは、基本的にすべてのアプリで共通する操作が行えます。また、一部の画面ではナビゲーションバーの右側か画面右上にメニューボタン■が表示されます。メニューボタンをタッチすると、アプリごとに固有のメニューが表示されます。

メニューボタン

ナビゲーションバーのボタンとそのおもな機能		
◁	戻るボタン／閉じるボタン	1つ前の画面に戻ります。
○	ホームボタン	ホーム画面が表示されます。一番左のホーム画面以外を表示している場合は、一番左の画面に戻ります。ロングタッチでGoogleアシスタント（Sec.33参照）が起動します。
□	アプリ使用履歴ボタン	最近使用したアプリが表示されます（P.21参照）。

タッチパネルの操作

タッチ

タッチパネルに軽く触れてすぐに指を離すことを「タッチ」といいます。

ロングタッチ

アイコンやメニューなどに長く触れた状態を保つことを「ロングタッチ」といいます。

ピンチアウト／ピンチイン

2本の指をタッチパネルに触れたまま指を開くことを「ピンチアウト」、閉じることを「ピンチイン」といいます。

スライド（スワイプ）

画面内に表示しきれない場合など、タッチパネルに軽く触れたまま特定の方向へなぞることを「スライド」または「スワイプ」といいます。

フリック

タッチパネル上を指ではらうように操作することを「フリック」といいます。

ドラッグ

アイコンやバーに触れたまま、特定の位置までなぞって指を離すことを「ドラッグ」といいます。

Section 04

ホーム画面の使い方

タッチパネルの基本的な操作方法を理解したら、ホーム画面の見方や使い方を覚えましょう。本書ではホームアプリを「docomo LIVE UX」に設定した状態で解説を行っています。

ホーム画面の見方

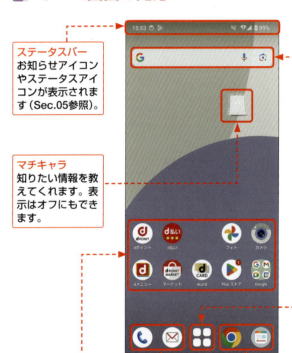

ステータスバー
お知らせアイコンやステータスアイコンが表示されます（Sec.05参照）。

クイック検索ボックス
タッチすると、検索画面やトピックが表示されます。黒く表示されている場合は「ダークモード」（Sec.66照）がオンになっています。

マチキャラ
知りたい情報を教えてくれます。表示はオフにもできます。

アプリ一覧ボタン
タッチすると、インストールしているすべてのアプリのアイコンが表示されます（Sec.07参照）。

アプリアイコンとフォルダ
タッチするとアプリが起動したり、フォルダの内容が表示されます。

ドック
タッチすると、アプリが起動します。なお、この場所に表示されているアイコンは、すべてのホーム画面に表示されます。

ホーム画面を左右に切り替える

(1) ホーム画面は左右に切り替えることができます。ホーム画面を左方向にフリックします。

(2) ホーム画面が1つ右の画面に切り替わります。

(3) ホーム画面を右方向にフリックすると、もとの画面に戻ります。

MEMO SmartNews for docomoやmy daizの表示

ホーム画面を上方向にフリックすると、「SmartNews for docomo」(Sec.51参照) が表示されます。また、ホーム画面でマチキャラをタッチすると「my daiz」(Sec.48参照) が表示されます。

15

Section **05**

情報を確認する

画面上部に表示されているステータスバーのお知らせアイコンとステータスアイコンで、SH-53Eの状態がわかります。また、ステータスパネルには、通知や機能ボタンが表示されます。

ステータスバーの見方

お知らせアイコン

不在着信や新着メール、実行中の作業などを通知するアイコンです。「通知」で詳しい情報を確認することができます。

ステータスアイコン

電波状態やバッテリー残量など、主にSH-53Eの状態を表すアイコンです。

お知らせアイコン	
	新着ドコモメールあり
	アプリのアップデートあり
	不在着信あり
	新着+メッセージあり
	伝言メモあり

ステータスアイコン	
	マナーモード（ミュート）設定中
	Wi-Fi電波の状態
5G	5G使用可能
	電波の状態
	バッテリー残量

MEMO セキュリティインジケーター

アプリが「カメラ」や「マイク」を利用すると、ステータスバーの右上に緑色のドットが表示されます。ステータスバーを下方向にドラッグすると、アイコンに変化するので、タッチすると「カメラ」や「マイク」にアクセスしているアプリを確認できます。

通知を確認する

(1) メールや電話の通知、SH-53Eの状態を確認したいときは、ステータスバーを下方向にドラッグします。

(2) ステータスパネルが表示されます。各項目の中から不在着信やメッセージの通知をタッチすると、対応するアプリが起動します。ここでは [すべて消去] をタッチします。

(3) ステータスパネルが閉じ、お知らせアイコンの表示も消えます（消えないお知らせアイコンもあります）。なお、ステータスパネルを上方向にスライドすることでも、ステータスパネルが閉じます。

MEMO ロック画面での通知表示

スリープモード時に通知が届いた場合、ロック画面に通知内容が表示されます。ロック画面に通知を表示させたくない場合は、P.161のMEMOを参照してください。

Section **06**

ステータスパネルを利用する

ステータスパネルは、主な機能をかんたんに切り替えられるほか、状態もひと目でわかるようになっています。ステータスパネルが黒く表示されている場合は、ダークモード（Sec.66参照）がオンになっています。

ステータスパネルを展開する

(1) ステータスバーを下方向にドラッグすると、ステータスパネルと機能ボタンが表示されます。機能ボタンをタッチすると、機能のオン／オフを切り替えることができます。

タッチする

(2) 機能ボタンが表示された状態で、さらに下方向にドラッグすると、ステータスパネルが展開されます。

ドラッグする

(3) 機能ボタン部分の表示エリアを左方向にフリックすると、次のパネルに切り替わります。

フリックする

MEMO そのほかの表示方法

ステータスバーを2本指で下方向にドラッグして、ステータスパネルを展開することもできます。ステータスパネルを非表示にするには、上方向にドラッグするか、■をタッチします。

ステータスパネルの機能ボタン

タッチで機能ボタンのオン／オフを切り替えられるだけでなく、機能ボタンによっては、ロングタッチすると詳細な設定が表示されるものもあります。

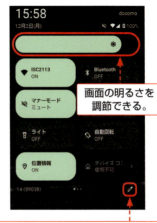

画面の明るさを調節できる。

ロングタッチすると詳細な設定が表示される。

オン／オフを切り替えられる。

このボタンをタッチすると、機能ボタンをドラッグして並べ替え・追加・削除などができる画面が表示表示される。

機能ボタン	オンにしたときの動作
Wi-Fi	Wi-Fi（無線LAN）をオンにし、アクセスポイントを表示します（Sec.69参照）。
Bluetooth	Bluetoothをオンにします（Sec.71参照）。
マナーモード	マナーモードを切り替えます（P.63参照）。
ライト	SH-53Eの背面のモバイルライトを点灯します。
自動回転	SH-53Eを横向きにすると、画面も横向きに表示されます。
機内モード	すべての通信をオフにします。
位置情報	位置情報をオンにします。
リラックスビュー	目の疲れない暗めの画面になります（Sec.62参照）。
テザリング	Wi-Fiテザリングをオンにします（Sec.70参照）。
長エネスイッチ	バッテリーの消費を抑えます（P.180参照）。
Quick Share	付近のデバイスとのファイル共有について設定します。
画面のキャスト	対応ディスプレイやパソコンにWi-Fiで画面を表示します。
スクリーンレコード	表示中の画面を動画として録画できます。
アラーム	アラームを鳴らす時間を設定します。

Section **07**

アプリを利用する

OS・Hardware

アプリ画面には、さまざまなアプリのアイコンが表示されています。それぞれのアイコンをタッチするとアプリが起動します。ここでは、アプリの終了方法や切り替え方もあわせて覚えましょう。

アプリを起動する

① ホーム画面のアプリ一覧ボタンをタッチします。

② アプリ一覧画面が表示されるので、任意のアプリのアイコン（ここでは[設定]）をタッチします。

③ 設定アプリが開きます。アプリの起動中に◀をタッチすると、1つ前の画面（ここではアプリ一覧画面）に戻ります。

MEMO アプリのアクセス許可

アプリの初回起動時に、アクセス許可を求める画面が表示されることがあります。その際は[許可]をタッチして進みます。許可しない場合、アプリが正しく機能しないことがあります（対処法はSec.64参照）。

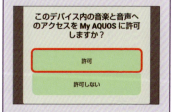

アプリを終了する

1 アプリの起動中やホーム画面で ■ をタッチします。

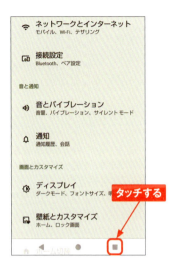

2 最近使用したアプリが一覧表示されるので、終了したいアプリを上方向にフリックします。

3 フリックしたアプリが終了します。すべてのアプリを終了したい場合は、右方向にフリックし、[すべてクリア]をタッチします。

MEMO アプリの切り替え

手順②の画面でアプリをタッチすると、そのアプリの画面に切り替わります。

Section 08

ウィジェットを利用する

SH-53Eのホーム画面にはウィジェットが表示されています。ウィジェットを使うことで、情報の確認やアプリへのアクセスをホーム画面上からかんたんに行うことができます。

ウィジェットとは

ウィジェットは、ホーム画面で動作する簡易的なアプリのことです。さまざまな情報を自動的に表示したり、タッチすることでアプリにアクセスしたりできます。SH-53Eに標準でインストールされているウィジェットは多数あり、Google Play (Sec.35参照) でダウンロードするとさらに多くの種類のウィジェットを利用できます。また、ウィジェットを組み合わせることで、自分好みのホーム画面の作成が可能です。

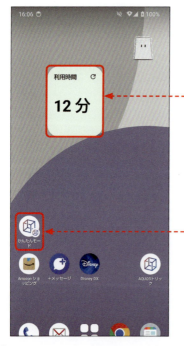

タッチすると詳細を表示するウィジェットです。

アプリを起動したり、アプリの機能をオン/オフにするウィジェットです。

ウィジェットを設置すると、ホーム画面でアプリの操作や設定の変更、ニュースやWebサービスの更新情報のチェックなどができます。

ホーム画面にウィジェットを追加する

(1) ホーム画面の何もない箇所をロングタッチし、表示されたメニューの[ウィジェット]をタッチします。

(2) 「ウィジェット」画面でウィジェットのカテゴリの1つをタッチして展開し、ホーム画面に追加したいウィジェットをロングタッチします。

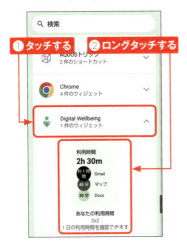

(3) ホーム画面に切り替わるので、ウィジェットを配置したい場所までドラッグします。

(4) ホーム画面にウィジェットが追加されます。ウィジェットをロングタッチしてドラッグすると、ウィジェットの位置を移動できます。

Section **09**

文字を入力する

SH-53Eでは、ソフトウェアキーボードで文字を入力します。「テンキーボード」(一般的な携帯電話の入力方法) や「QWERTYキーボード」などを切り替えて使用できます。

SH-53Eの文字入力方法

Gboard

タッチすると音声入力が有効になる

音声入力

音声入力が有効の状態

MEMO 2種類の入力方法

SH-53Eは標準で「Gboard」と「音声入力」の2種類の入力方法を利用できます。本書の解説では「Gboard」を使用しています。

キーボードを切り替える

① キー入力が可能な画面になると、Gboardのキーボードが表示されます。✿をタッチします。

② [言語] をタッチします。

③ [日本語] をタッチします。

④ この画面で [QWERTY] をタッチします。

⑤ 「QWERTY」にチェックが入ったことを確認し、[完了] をタッチします。

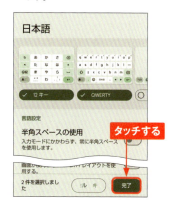

⑥ 「QWERTY」が追加されたことを確認し、←をタッチします。

⑦ キーボードに表示された🌐をタッチすると、12キーキーボードとQWERTYキーボードを切り替えできます。

12キーキーボードで文字を入力する

●トグル入力をする

(1) 12キーキーボードは、一般的な携帯電話と同じ要領で入力が可能です。たとえば、あを5回→かを1回→さを2回タッチすると、「おかし」と入力されます。

(2) 変換候補から選んでタッチすると、変換が確定します。手順①で∨をタッチして、変換候補の欄をスライドすると、さらにたくさんの候補を表示できます。

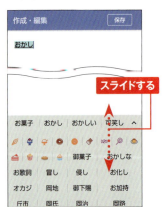

●フリック入力をする

(1) 12キーキーボードでは、キーを上下左右にフリックすることでも文字を入力できます。キーをタッチするとガイドが表示されるので、入力したい文字の方向へフリックします。

(2) フリックした方向の文字が入力されます。ここでは、あを下方向にフリックしたので、「お」が入力されました。

QWERTYキーボードで文字を入力する

① QWERTYキーボードでは、パソコンのローマ字入力と同じ要領で入力が可能です。たとえば、sekaiとタッチすると、変換候補が表示されます。候補の中から変換したい単語をタッチすると、変換が確定します。

② 文字を入力し、[変換]をタッチしても文字が変換されます。

③ 希望の変換候補にならない場合は、◀/▶をタッチして範囲を調節します。

④ ←をタッチすると、ハイライト表示の文字部分の変換が確定します。

文字種を変更する

① あa1をタッチするごとに、「ひらがな漢字」→「英字」→「数字」の順に文字種が切り替わります。あのときには、日本語を入力できます。

② aのときには、半角英字を入力できます。あa1をタッチします。

③ 1のときには、半角数字を入力できます。再度あa1をタッチすると、日本語入力に戻ります。

MEMO キーボードの設定

キーボードの画面で⚙→［設定］の順にタッチすると、片手モードのオン/オフ、キー操作音のオン/オフ、キー操作音の音量など、キーボード入力のさまざまな設定ができます。

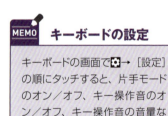

絵文字や記号、顔文字を入力する

① 12キーで絵文字や記号、顔文字を入力したい場合は、☺記をタッチします。

② 「絵文字」の表示欄を上下にスライドし、目的の絵文字をタッチすると入力できます。☆をタッチします。

③ 「記号」を手順②と同様の方法で入力できます。:-)をタッチします。

④ 「顔文字」を入力できます。あいうをタッチします。

⑤ 通常の文字入力画面に戻ります。

Section **10**

テキストを
コピー&ペーストする

SH-53Eは、パソコンと同じように自由にテキストをコピー&ペーストできます。コピーしたテキストは、別のアプリにペースト（貼り付け）して利用することもできます。

テキストをコピーする

① コピーしたいテキストを2回タッチします。

② テキストが選択されます。●と●を左右にドラッグして、コピーする範囲を調整します。

③ [コピー] をタッチします。

④ 選択したテキストがコピーされました。

テキストをペーストする

① 入力欄で、テキストをペースト（貼り付け）したい位置をロングタッチします。

② ［貼り付け］をタッチします。

③ コピーしたテキストがペーストされます。

MEMO 履歴からコピーする

手順①の画面で🎛→［クリップボードをオンにする］の順でタッチすると、コピーしたテキストが履歴として保管されます。手順②で［貼り付け］をタッチすると、履歴から選んでペーストできるようになります。

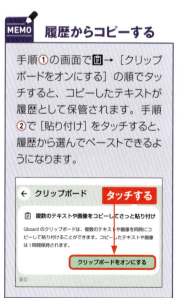

Section **11**

Googleアカウントを設定する

Application

SH-53EにGoogleアカウントを設定すると、Googleが提供するサービスが利用できます。ここではGoogleアカウントを作成して設定します。作成済みのGoogleアカウントを設定することもできます。

Googleアカウントを設定する

(1) P.20手順①〜②を参考に、アプリ一覧画面で[設定]をタッチします。

(2) 「設定」アプリが開くので、画面を上方向にスライドして、[パスワードとアカウント]をタッチします。

(3) [アカウントを追加]をタッチします。

(4) 「アカウントの追加」画面が表示されるので、[Google]をタッチします。

MEMO Googleアカウントとは

Googleアカウントを作成すると、Googleが提供する各種サービスへログインすることができます。アカウントの作成に必要なのは、メールアドレスとパスワードの登録だけです。SH-53EにGoogleアカウントを設定しておけば、Gmailなどのサービスがかんたんに利用できます。

⑤ [アカウントを作成] → [個人で使用] の順にタッチします。すでに作成したアカウントを使うには、アカウントのメールアドレスまたは電話番号を入力します (右下のMEMO参照)。

⑥ 上の欄に「姓」、下の欄に「名」を入力し、[次へ] をタッチします。

⑦ 生年月日と性別をタッチして設定し、[次へ] をタッチします。

⑧ [自分でGmailアドレスを作成] をタッチして、希望するメールアドレスを入力し、[次へ] をタッチします。

⑨ パスワードを入力し、[次へ] をタッチします。

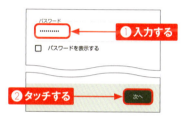

MEMO 既存のアカウントの利用

作成済みのGoogleアカウントがある場合は、手順⑤の画面でメールアドレスまたは電話番号を入力して、[次へ] をタッチします。次の画面でパスワードを入力すると、「ようこそ」画面が表示されるので、[同意する] をタッチし、P.35手順⑭以降の解説に従って設定します。

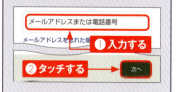

⑩ パスワードを忘れた場合のアカウント復旧に使用するために、電話番号を登録します。画面を上方向にスライドします。

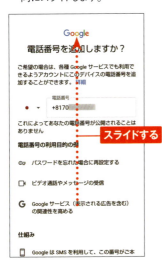

⑪ ここでは[はい、追加します]をタッチします。電話番号を登録しない場合は、[その他の設定]→[いいえ、電話番号を追加しません]→[完了]の順にタッチします。

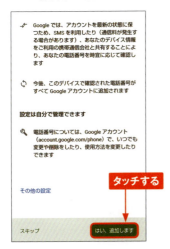

⑫ 「アカウント情報の確認」画面が表示されたら、[次へ]をタッチします。

⑬ プライバシーポリシーと利用規約の内容を確認して、[同意する]をタッチします。

(14) デバイスのバックアップのオン／オフをタッチして選択し、[同意する] をタッチします。

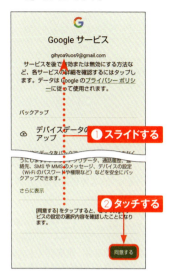

(15) P.32手順❸の「パスワードとアカウント」画面に戻ります。作成したGoogleアカウントをタッチします。

(16) [アカウントの同期] をタッチします。

(17) 同期可能なサービスが表示されます。サービス名をタッチすると、同期のオン／オフを切り替えることができます。

Section **12**

ドコモのIDとパスワード
を設定する

Application

My
docomo

SH-53Eにdアカウントを設定すると、NTTドコモが提供するさまざ
まなサービスをインターネット経由で利用できます。また、spモード
パスワードも初期値から変更しておきましょう。

dアカウントとは

「dアカウント」とは、NTTドコモが提供しているさまざまなサービスを利用するためのIDで
す。dアカウントを作成し、SH-53Eに設定することで、Wi-Fi経由で「dマーケット」な
どのドコモの各種サービスを利用できるようになります。
なお、ドコモのサービスを利用しようとすると、いくつかのパスワードを求められる場合が
あります。このうちspモードパスワードは「お客様サポート」（My docomo）で確認・再
発行できますが、「ネットワーク暗証番号」はインターネット上で確認・再発行できません。
契約書類を紛失しないように注意しましょう。さらに、spモードパスワードを初期値（0000）
のまま使っていると、変更をうながす画面が表示されることがあります。その場合は、画
面の指示に従ってパスワードを変更しましょう。
なお、ドコモショップなどですでに設定を行っている場合、ここでの設定は必要ありません。

ドコモのサービスで利用するID ／ パスワード	
ネットワーク暗証番号	お客様サポート（My docomo）や、各種電話サービスを利用する際に必要です。
dアカウント／パスワード	Wi-Fi接続時やパソコンのWebブラウザ経由で、ドコモのサービスを利用する際に必要です。
spモードパスワード	ドコモメールの設定、spモードサイトの登録／解除の際に必要です。初期値は「0000」ですが、変更が必要です。

MEMO **dアカウントとパスワードは**
Wi-Fi経由でドコモのサービスを使うときに必要

5Gや4G（LTE）回線を利用しているときは不要ですが、Wi-Fi経由でドコモの
サービスを利用する際は、dアカウントとパスワードを入力する必要があります。

dアカウントを設定する

① 「設定」アプリを開いて、[ドコモのサービス/クラウド] をタッチします。

② [dアカウント設定] をタッチします。

③ 「機能の利用確認」画面が表示された場合は [OK] をタッチします。

④ [ご利用にあたって] 画面が表示された場合は、内容を確認して、[同意する] をタッチします。続いて、[かんたん自動ログイン!] 画面が表示された場合は [確認] をタッチします。

⑤ 「dアカウント設定」画面が表示されるので、[次] をタッチして進みます。[ご利用中のdアカウントを設定] をタッチします。

37

⑥ 電話番号に登録されているdアカウントのIDが表示されます。ネットワーク暗証番号（P.36参照）を入力して、[設定する]をタッチします。

⑦ 「設定確認/変更」画面が表示されたら[進む]をタッチします。

⑧ 「ログイン確認」画面が表示されたら、[ログイン]をタッチします。

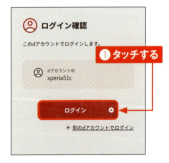

⑨ dアカウントの設定が完了します。指紋ロックの設定は、ここでは[設定しない]をタッチして、[OK]をタッチします。

⑩ 「アプリ一括インストール」画面が表示されたら、[今すぐ実行]をタッチして、[進む]をタッチします。

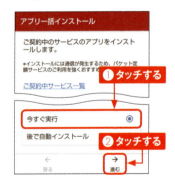

⑪ dアカウントの設定状態が表示されます。

dアカウントのIDを変更する

(1) P.37手順①〜②を参考にして、「dアカウント」画面を表示します。[dアカウントの設定確認/変更] → [設定を変更する] をタッチします。

(2) [IDの変更] をタッチします。

(3) 新しいdアカウントのIDを入力するか、[以下のメールアドレスをIDにする] を選択して、[入力内容を確認する] をタッチします。

(4) 変更後のIDを確認して、[IDを変更する] をタッチします。

(5) dアカウントのIDの変更が完了します。[OK] をタッチすると、手順①の画面に戻りIDが変更されたことを確認できます。

spモードパスワードを変更する

① ホーム画面で [dメニュー] をタッチします。

② Chromeが起動し、dメニューの画面が表示されます。[My docomo] をタッチします。

③ My docomoの画面で [お手続き] をタッチし、[ID・パスワード] → [iモード・spモードパスワードリセット] をタッチします。

④ [spモードパスワード] をタッチします。

⑤ 「spモードパスワード」画面で[変更したい場合]をタッチします。

⑥ 「変更したい場合」の[spモードパスワード変更]をタッチします。

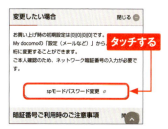

⑦ ネットワーク暗証番号(P.36参照)を入力し、[認証する]をタッチします。

⑧ 現在のspモードパスワード(P.36参照)を入力し、新しいspモードパスワードを2箇所に入力します。[設定を確定する]をタッチすると、設定が完了します。

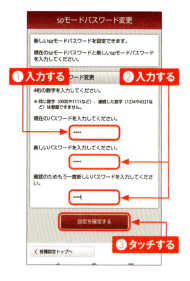

MEMO spモードパスワードをリセットする

spモードパスワードがわからなくなったときは、手順④の画面で[お手続きする]をタッチし、説明に従って暗証番号などを入力して手続きを行うと、初期値の「0000」にリセットできます。

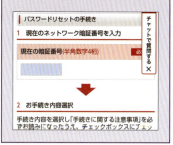

📱 dアカウントのパスワードを変更する

(1) P.40手順①を参考に[dメニュー]を起動します。≡をタッチします。

(2) [dアカウントについて]をタッチします。

(3) [ログイン]をタッチします。

(4) [パスワードの変更]をタッチします。

(5) ネットワーク暗証番号(P.36参照)を入力し、[ログイン]をタッチします。

(6) 新しいdアカウントのパスワードを入力して、[パスワードを変更する]をタッチします。

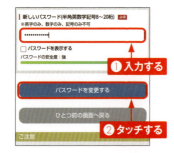

Chapter

2

電話機能を使う

Section 13　電話をかける／受ける
Section 14　履歴を確認する
Section 15　伝言メモを利用する
Section 16　通話音声メモを利用する
Section 17　ドコモ電話帳を利用する
Section 18　着信拒否を設定する
Section 19　通知音や着信音を変更する
Section 20　操作音やマナーモードを設定する

Section **13**

電話をかける／受ける

電話操作は発信も着信も非常にシンプルです。発信時はホーム画面のアイコンからかんたんに電話を発信でき、着信時はスワイプまたはタッチ操作で通話を開始できます。

電話をかける

① ホーム画面で📞をタッチします。

② 「電話」アプリが起動します。▦をタッチします。

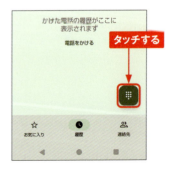

③ 相手の電話番号をタッチして入力し、[音声通話]をタッチすると、電話が発信されます。

④ 相手が応答すると通話が始まります。🔴をタッチすると、通話が終了します。

電話を受ける

① スリープ中に電話の着信があると、着信画面が表示されます。📞を上方向にスワイプします。また、画面上部に通知で表示された場合は、[応答する]をタッチします。

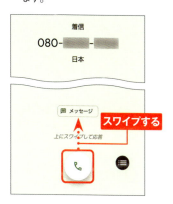

② 相手との通話が始まります。通話中にアイコンをタッチすると、ダイヤルキーなどの機能を利用できます。

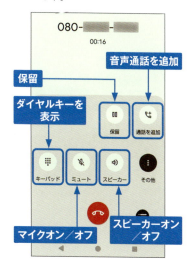

③ 通話中に🔴をタッチすると、通話が終了します。

MEMO 本体の使用中に電話を受ける

本体の使用中に電話の着信があると、画面上部に着信画面が表示されます。[応答する]をタッチすると、手順②の画面が表示されて通話ができます。

Section **14**

履歴を確認する

Application

電話の発信や着信の履歴は、発着信履歴画面で確認します。また、電話をかけ直したいときに通話履歴から発信したり、電話した理由をメッセージ（SMS）で送信したりすることもできます。

発信や着信の履歴を確認する

(1) ホーム画面で📞をタッチして「電話」アプリを起動し、［履歴］をタッチします。

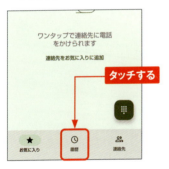

(2) 発着信の履歴を確認できます。履歴をタッチして、［履歴を開く］をタッチします。

(3) 通話の詳細を確認することができます。

MEMO 履歴の削除

手順(3)の画面で右上の■→［履歴を削除］をタッチすると、履歴を削除できます。

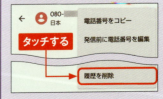

履歴から発信する

1 P.46手順①を参考に発着信履歴画面を表示します。発信したい履歴の📞をタッチします。

2 電話が発信されます。

MEMO クイック返信でメッセージ（SMS）を送信する

電話がかかってきても受けたくない場合、電話を受けずにメッセージ（SMS）を送信することができます。受信画面で下部の［メッセージ］をタッチするといくつかメッセージが表示されるので、タッチすると送信できます。なお、手順①の画面で右上の■→［設定］→［クイック返信］をタッチすると、送信するメッセージを編集できます。

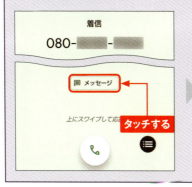

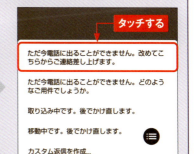

Section **15**

伝言メモを利用する

SH-53Eでは、電話を取れないときに本体に伝言を記録する伝言メモ機能を利用できます。有料サービスである留守番電話サービスとは異なり、無料で利用できるのでぜひ使ってみましょう。

伝言メモを設定する

① P.44手順①を参考に「電話」アプリを起動して、右上の■→［設定］の順でタッチします。

② 「設定」画面で［通話アカウント］→［通話音声・伝言メモ］→右下の［設定］→［伝言メモ設定］→［ON］の順にタッチします。

③ 手順②で表示される「通話音声・伝言メモ」画面で［応答時間設定］をタッチします。

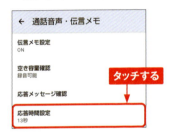

④ 応答時間を変更します。なお、留守番電話サービスの呼び出し時間より短く設定する必要があります。

伝言メモを再生する

(1) 不在着信や伝言メモがあると、ステータスバーに 🔂 が表示されます。ステータスバーを下方向にドラッグします。

(2) ステータスパネルが表示されるので、伝言メモの通知をタッチします。

(3) 伝言メモリストから聞きたい伝言メモをタッチすると、伝言メモが再生されます。

(4) 再生中の伝言メモを削除するには、右上の 🔂 →［選択削除］の順でタッチします。

MEMO そのほかの伝言メモ再生方法

ステータスバーの通知を削除してしまった場合は、「電話」アプリの画面で右上の 🔂 →［設定］→［通話アカウント］→［通話音声・伝言メモ］の順でタッチすると、手順③の画面が表示されます。「通話音声メモリスト」が表示された場合は［伝言メモ］をタッチします。

Section **16**

通話音声メモを利用する

Application

SH-53Eの「通話音声メモ」を利用すると、「電話」アプリで通話中の会話を録音できます。重要な要件で電話をする際など、保存した会話をあとで再生して確認できるので便利です。

通話中の会話を録音する

① 「電話」アプリで通話中、右下の●をタッチします。

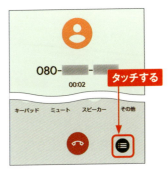

② 表示された［通話音声メモ］をタッチします。

③ 「録音中」画面が表示されて、通話の録音が開始されます。録音を終了するには［停止］をタッチします。

④ 通常の「電話」アプリの画面に戻ります。

録音した通話を再生する

① 「電話」アプリの画面で右上の ■→［設定］の順でタッチします。

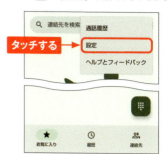

② 「電話」アプリの「設定」画面が表示されるので、［通話アカウント］をタッチします。

③ 「通話アカウント」画面で［通話音声・伝言メモ］をタッチします。

④ 「通話音声メモ」をタッチし、通話音声メモリストの中から目的の通話音声メモをタッチします。▶をタッチすると、通話音声が再生されます。

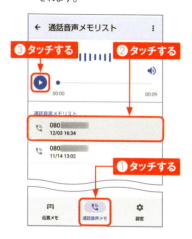

⑤ ⏸をタッチすると、通話音声の再生が停止します。

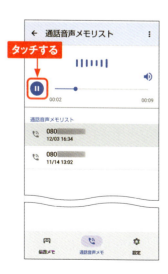

Section **17**

ドコモ電話帳を利用する

Application

電話番号やメールアドレスなどの連絡先は、「ドコモ電話帳」で管理することができます。クラウド機能を有効にすることで、電話帳データが専用のサーバーに自動で保存されるようになります。

クラウド機能を有効にする

(1) ホーム画面でアプリ一覧ボタンをタッチします。

(2) アプリ一覧画面で、[ドコモ電話帳]をタッチします。

(3) 初回起動時は「クラウド機能の利用について」画面が表示されます。[注意事項]をタッチします。

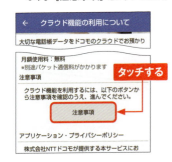

(4) 内容を確認し、◀をタッチして戻ります。

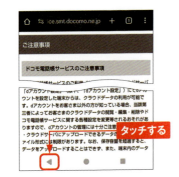

⑤ 手順④と同様にプライバシーポリシーについて確認したら、[利用する]をタッチします。

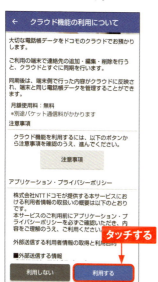

⑥ ドコモ電話帳の画面が表示されます。機種変更などでクラウドサーバーに保管していた連絡先がある場合は、自動的に同期されます。

MEMO ドコモ電話帳のクラウド機能とは

ドコモ電話帳のクラウド機能では、電話帳データを専用のクラウドサーバー(インターネット上の保管庫)に自動保存しています。そのため、機種変更をしたときも、クラウドを利用して簡単に電話帳のデータを移行できます。
また、パソコンから電話帳データを閲覧／編集できる機能も用意されています。
クラウドのデータを手動で同期する場合は、P.57手順③の画面で、[クラウドメニュー] → [クラウドとの同期実行] → [OK]の順にタッチします。

ドコモ電話帳に新規連絡先を登録する

1. P.52手順①〜②を参考にドコモ電話帳を開き、＋をタッチします。

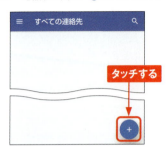

2. 連絡先を保存するアカウントを選択します。ここでは[docomo]を選択します。

3. 入力欄をタッチしてソフトウェアキーボードを表示し、「姓」と「名」の入力欄へ連絡先の情報を入力して→をタッチします。

4. 姓名のふりがな、電話番号、メールアドレスなどを入力します。完了したら[保存]をタッチします。

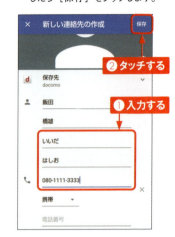

5. 連絡先の情報が保存されます。◁をタッチして、手順①の画面に戻ります。

ドコモ電話帳に通話履歴から登録する

① P.46を参考に「履歴」画面を表示します。連絡先に登録したい電話番号をタッチします。

② [連絡先に追加] をタッチします。

③ [新しい連絡先を作成] をタッチします。

④ P.54手順③〜④を参考に連絡先の情報を登録します。

⑤ ドコモ電話帳のほか、通話履歴、連絡先にも登録した名前が表示されるようになります。

ドコモ電話帳のそのほかの機能

●連絡先を編集する

1. P.52手順①〜②を参考に「ドコモ電話帳」画面を表示し、編集したい連絡先をタッチします。

2. 連絡先の「プロフィール」画面が表示されるので✐をタッチし、P.54手順③〜④を参考に連絡先を編集します。

●電話帳から電話をかける

1. 左記手順①〜②を参考に「プロフィール」画面を表示し、番号をタッチします。

2. 電話が発信されます。

自分の情報を確認する

1. P.52手順①〜②を参考に「ドコモ電話帳」画面を表示し、≡をタッチします。

2. 表示されたメニューの[設定]をタッチします。

3. [ユーザー情報]をタッチします。

4. 自分の情報が表示されて、電話番号などを確認できます。編集する場合は✎をタッチします。

5. この画面が表示された場合は[docomoのプロファイル]をタッチします。

6. P.54手順③〜④を参考に情報を入力し、[保存]をタッチします。

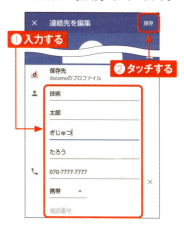

Section 18

着信拒否を設定する

迷惑電話やいたずら電話が繰り返しかかってきたときは、着信拒否を設定しましょう。SH-53Eには着信拒否以外にも、電話の相手を事前に確認するなどの迷惑電話対策機能があります。

着信拒否リストに登録する

(1) 「電話」アプリの画面で右上の ■→［設定］の順でタッチします。

(2) 「設定」画面で［ブロック中の電話番号］をタッチします。

(3) 「着信拒否設定」画面で非通知や公衆電話などからの着信を拒否する設定ができます。［番号を追加］をタッチします。

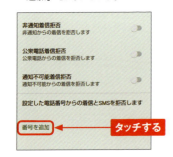

(4) 着信を拒否したい電話番号を入力して［設定］をタッチすると、着信拒否リストに追加されます。

迷惑電話対策を設定する

(1) P.58手順②の画面で[通話アカウント]をタッチします。

(2) [迷惑電話の対策]をタッチします。

(3) [不審な会話のお知らせ]をタッチします。

(4) ●をタッチし、注意が表示されたら[使用する]をタッチするとオンになります。

MEMO その他の迷惑電話対策機能

迷惑電話対策機能は、このほかにも連絡先に未登録の電話番号から着信があったとき自動で応答して相手の声を録音する「電話に出る前確認」や未登録の電話番号からの着信に注意喚起メッセージを表示する「ご注意表示」があります。手順③の画面でそれぞれの機能をタッチしてオンにできます。

Section **19**

通知音や着信音を変更する

メールの通知音と電話の着信音は、設定メニューから変更できます。また、電話の着信音は、着信した相手ごとに個別に設定することもできます。

メールの通知音を変更する

(1) P.20を参考に「設定」アプリを開いて、[音とバイブレーション]をタッチします。

(2) 「音とバイブレーション」画面が表示されるので、[デフォルトの通知音]をタッチします。

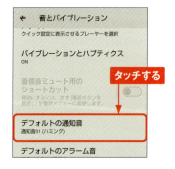

(3) 通知音のリストが表示されます。好みの通知音をタッチし、[OK]をタッチすると変更完了です。

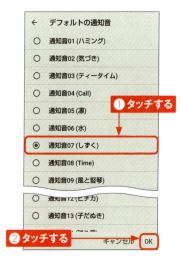

MEMO 音楽を通知音や着信音に設定する

手順③の画面で[端末内のファイル]をタッチすると、SH-53Eに保存されている音楽を通知音や着信音に設定できます。

電話の着信音を変更する

(1) P.20を参考に「設定」アプリを開いて、[音とバイブレーション]をタッチします。

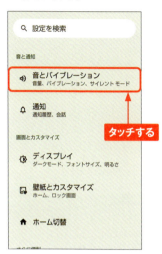

(2) 「着信音とバイブレーション」画面が表示されるので、[着信音]をタッチします。

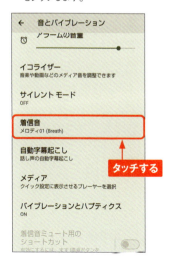

(3) 着信音のリストが表示されるので、好みの着信音を選んでタッチし、[OK]をタッチすると、着信音が変更されます。

MEMO 着信音の個別設定

着信相手ごとに、着信音を変えることができます。P.54を参考に連絡先の「プロフィール」画面を表示して、画面右上の→[着信音を設定]の順にタッチします。ここで好きな着信音をタッチして、[OK]をタッチすると、その連絡先からの着信音を設定できます。

Section **20**

操作音やマナーモードを設定する

Application

音量は設定メニューから変更できます。また、マナーモードはバイブレーションがオン／オフの2つのモードがあります。なお、マナーモード中でも、動画や音楽などの音声は消音されません。

音楽やアラームなどの音量を調節する

(1) P.20を参考に「設定」アプリを開いて、[音とバイブレーション]をタッチします。

(2) 「着信音とバイブレーション」画面が表示されます。「メディアの音量」の○を左右にドラッグして、音楽や動画の音量を調節します。

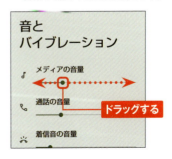

(3) 手順②と同じ方法で、「着信音と通知の音量」「アラームの音量」も調節できます。

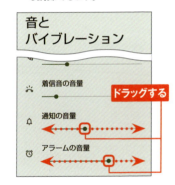

(4) 画面左上の←をタッチして、設定を完了します。

マナーモードを設定する

① 本体の右側面にある音量UP／DOWNキーを押します。

② ポップアップが表示されるので、[マナー OFF] をタッチします。

③ メニューが表示されます。ここでは [ミュート] をタッチします。

④ マナーモードがオンになり、着信音や操作音は鳴らず、着信時などにバイブレータも動作しなくなります（アラームや動画、音楽は鳴ります）。

操作音のオン／オフを設定する

① P.20を参考に設定メニューを開いて、[音とバイブレーション]をタッチします。

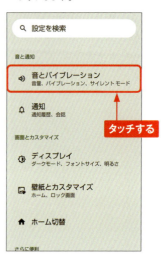

② 「音とバイブレーション」画面を上方向へフリックします。

③ 設定を変更したい操作音（ここでは[ダイヤルパッドの操作音]）をタッチします。

④ ○が○になり、操作音がオフになります。同様にして、画面ロック音やタッチ操作音のオン／オフが行えます。

Chapter

3

インターネットと
メールを利用する

Section 21 　Webページを閲覧する
Section 22 　Webページを検索する
Section 23 　複数のWebページを同時に開く
Section 24 　ブックマークを利用する
Section 25 　SH-53Eで使えるメールの種類
Section 26 　ドコモメールを設定する
Section 27 　ドコモメールを利用する
Section 28 　メールを自動振分けする
Section 29 　迷惑メールを防ぐ
Section 30 　＋メッセージを利用する
Section 31 　Gmailを利用する
Section 32 　Yahoo!メール／PCメールを設定する

Section 21

Webページを閲覧する

SH-53Eでは、「Chrome」アプリでWebページを閲覧することができます。Googleアカウントでログインすることで、パソコン用の「Google Chrome」とブックマークや履歴の共有が行えます。

Application

Webページを表示する

1. ホーム画面を表示して、 をタッチします。初回起動時はアカウントの確認画面が表示されるので、[同意して続行]をタッチし、「同期を有効にしますか？」画面でアカウントを選択して[有効にする]をタッチします。

タッチする

2. 「Chrome」アプリが起動して、Webページが表示されます。「URL入力欄」が表示されない場合は、画面を下方向にフリックすると表示されます。

フリックする

3. 「URL入力欄」をタッチし、URLを入力して、 をタッチします。

❶入力する
❷タッチする

4. 入力したURLのWebページが表示されます。

Webページを移動する

1 Webページの閲覧中に、リンク先のページに移動したい場合、ページ内のリンクをタッチします。

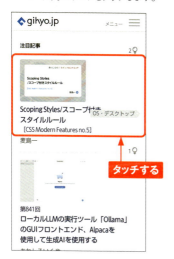

2 ページが移動します。◀をタッチすると、タッチした回数分だけページが戻ります。

3 画面右上の⋮をタッチして、→をタッチすると、前のページに進みます。

4 ⋮をタッチして、⟳をタッチすると、表示しているページが更新されます。

MEMO 「Chrome」アプリの更新

「Chrome」アプリの更新がある場合、手順①の画面右上の⋮が●になっていることがあります。その場合は、●→［Chromeを更新］→［更新］の順にタッチして、「Chrome」アプリを更新しましょう。

Section 22

Webページを検索する

「Chrome」アプリの「URL入力欄」に文字列を入力すると、Google検索が利用できます。また、Webページ内の文字を選択して、Google検索を行うことも可能です。

キーワードを入力してWebページを検索する

① Webページを開いた状態で、「URL入力欄」をタッチします。

② 検索したいキーワードを入力して、→をタッチします。

③ Google検索が実行され、検索結果が表示されるので、開きたいページのリンクをタッチします。

④ リンク先のページが表示されます。手順③の検索結果画面に戻る場合は、◀をタッチします。

Webページ内のキーワードを選択してWebページを検索する

① Webページ内の文字列をタッチします。

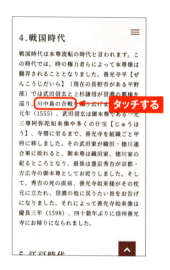

② タッチした文字列がハイライトで表示されます。画面下部の表示をタッチします。

③ 検索結果が表示されます。上下にスライドしてリンクをタッチすると、リンク先のページが表示されます。

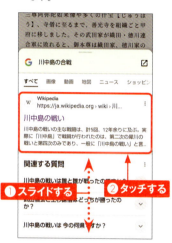

MEMO ページ内検索

「Chrome」アプリでWebページを表示し、 ︙ →［ページ内検索］の順にタッチします。表示される検索バーにテキストを入力すると、ページ内の合致したテキストがハイライト表示されます。

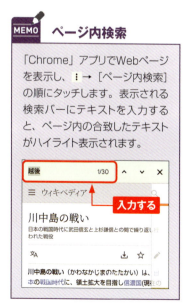

Section **23**

複数のWebページを同時に開く

「Chrome」アプリでは、複数のWebページをタブを切り替えて同時に開くことができます。複数のページを交互に参照したいときや、常に表示しておきたいページがあるときに利用すると便利です。

Application

📱 Webページを新しいタブで開く

① 「URL入力欄」を表示して、 ┋ をタッチします。

② [新しいタブ] をタッチします。

③ 新しいタブが表示されます。

MEMO タブのグループ化とは

「Chrome」アプリでは、複数のタブを1つにグループ化してまとめて管理するタブグループ機能が利用できます（P.72～73参照）。ニュースサイトごと、SNSごとといっように、サイトごとにタブをまとめるなど、便利に使える機能です。

複数のタブを切り替える

① 複数のタブを開いた状態でタブ切り替えアイコンをタッチします。

② 現在開いているタブの一覧が表示されるので、表示したいタブをタッチします。

③ 表示するタブが切り替わります。

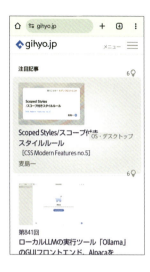

MEMO タブを閉じるには

不要なタブを閉じたいときは、手順②の画面で、右上の×をタッチします。なお、最後に残ったタブを閉じると、「Chrome」アプリが終了します。

タブをグループで開く

① ページ内のリンクをロングタッチします。

② ［新しいタブをグループで開く］をタッチします。

③ リンク先のページが新しいタブで開きます。グループ化されており、画面下にタブの切り替えアイコンが表示されます。別のアイコンをタッチします。

④ リンク先のページが表示されます。

グループ化したタブを整理する

(1) P.72手順③の画面で＋をタッチすると、グループ内に新しいタブが追加されます。画面右上のタブ切り替えアイコンをタッチします。

(2) 現在開いているタブの一覧が表示され、グループ化されているタブは1つのタブの中に複数のタブがまとめられていることがわかります。グループ化されているタブをタッチします。

(3) グループ内のタブが表示されます。タブの右上の［×］をタッチします。

(4) グループ内のタブが閉じます。←をタッチします。

(5) 現在開いているタブの一覧に戻ります。タブグループにタブを追加したい場合は、追加したいタブをロングタッチし、タブグループにドラッグします。

(6) タブグループにタブが追加されます。

Section 24

ブックマークを利用する

「Chrome」アプリでは、WebページのURLを「ブックマーク」に追加し、好きなときにすぐに表示することができます。よく閲覧するWebページはブックマークに追加しておくと便利です。

ブックマークを追加する

① ブックマークに追加したいWebページを表示して、⋮ をタッチします。

② ☆ をタッチします。

③ ブックマークが追加されます。画面下部の表示をタッチします。

④ 名前や保存先のフォルダなどを編集し、← をタッチします。

MEMO ホーム画面にショートカットを配置するには

手順②の画面で[ホーム画面に追加]をタッチすると、表示しているWebページのショートカットをホーム画面に配置できます。

ブックマークからWebページを表示する

① 「Chrome」アプリを起動し、URL入力欄を表示して、⋮をタッチします。

② [ブックマーク]をタッチします。

③ 「ブックマーク」画面が表示されるので、閲覧したいブックマークをタッチします。

④ ブックマークに追加したWebページが表示されます。

MEMO ブックマークの削除

手順③の画面で削除したいブックマークの⋮をタッチし、[削除]をタッチすると、ブックマークを削除できます。

Section 25

SH-53Eで使える メールの種類

SH-53Eでは、ドコモメール（@docomo.ne.jp）やSMS、＋メッセージを利用できるほか、GmailおよびYahoo!メールなどのパソコンのメールも使えます。

ドコモメール

NTTドコモの提供するメールです。「@docomo.ne.jp」のアドレスが使えます。iモードと同じアドレスが使用可能です。

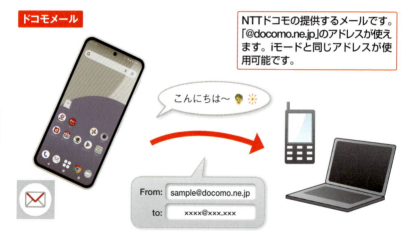

SMSと＋メッセージ

相手の携帯電話番号宛にメッセージを送信します。従来のSMSとそれを拡張した＋メッセージ（P.75 MEMO参照）を利用できます。

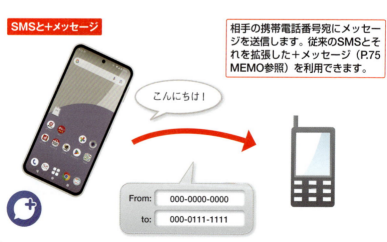

+メッセージについて

+メッセージは、従来のSMSを拡張したものです。宛先に相手の携帯電話番号を指定するのはSMSと同じですが、文字だけしか送信できないSMSと異なり、スタンプや写真、動画などを送ることができます。ただし、SMSは相手を問わず利用できるのに対し、+メッセージは、相手も+メッセージを利用している場合のみやり取りが行えます。相手が+メッセージを利用していない場合は、SMSとしてテキスト文のみが送信されます。

Section **26**

ドコモメールを設定する

SH-53Eでは「ドコモメール」を利用できます。ここでは、ドコモメールの初期設定方法を解説します。なお、ドコモショップなどで、すでに設定を行っている場合は、ここでの操作は必要ありません。

ドコモメールの利用を開始する

1 ホーム画面で◎をタッチします。

2 アップデートの画面が表示された場合は、[アップデート]をタッチします。アップデートの完了後、[起動する]をタッチします。

3 アクセス許可の説明が表示されたら、[次へ]をタッチします。

4 アクセス許可の画面がいくつか表示されるので、それぞれ[許可]をタッチします。「利用規約」が表示されたら、[同意する]にチェックを付け、[利用開始]をタッチします。

78

⑤ 「ドコモメールアプリ更新情報」画面で［閉じる］をタッチします。

⑥ すでに利用したことがある場合は［設定情報の復元］画面が表示されるので、［設定情報を復元する］もしくは［復元しない］をタッチして、［OK］をタッチします。

⑦ 「文字サイズ設定」画面の設定はあとからできるので（P.81MEMO参照）、［OK］をタッチします。

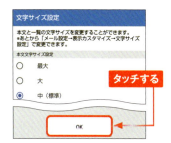

⑧ 「フォルダ一覧」画面が表示されて、ドコモメールを利用できる状態になります。フォルダの1つをタッチします。

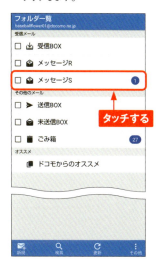

⑨ 受信したメールが表示されます。次回から、P.78手順①で◎をタッチすると、すぐに「ドコモメール」アプリが起動します。

ドコモメールのアドレスを変更する

① P.79手順⑧の「フォルダ一覧」画面を表示し、画面右下の[その他]→[メール設定]をタッチします。

② [ドコモメール設定サイト]をタッチします。

③ 「メール設定」画面で[メール設定内容の確認]をタッチします。

④ 「メールアドレス」の[メールアドレスの変更]をタッチします。

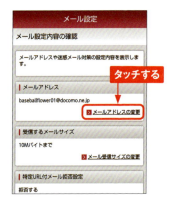

⑤ 表示された画面を上方向にスライドします。

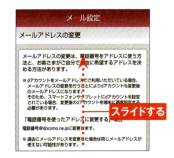

(6) [自分で希望するアドレスに変更する] をタッチして、希望するメールアドレスを入力し、[確認する] をタッチします。

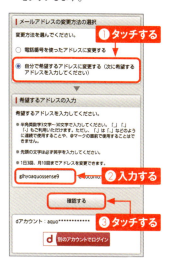

(7) 入力したメールアドレスを確認して、[設定を確定する]をタッチします。メールアドレスを修正する場合は [修正する] をタッチします。

(8) [メール設定トップへ] をタッチすると、「メール設定」画面に戻ります。この画面で迷惑メール対策などが設定できます（Sec.29参照）。設定が必要なければホーム画面に戻ります。

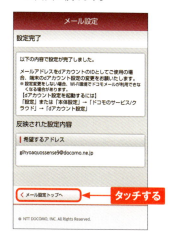

MEMO メールアドレスを引き継ぐには

すでに利用しているdocomo.ne.jpのメールアドレスがある場合は、同じメールアドレスを引き続き使用することができます。手順③の「メール設定」画面を上方向にスライドし、[メールアドレスの入替え]をタッチして、画面の表示に従って設定を進めましょう。

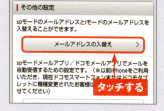

Section 27

ドコモメールを利用する

P.78～79で変更したメールアドレスで、ドコモメールを使ってみましょう。ほかの携帯電話とほとんど同じ感覚で、メールの閲覧や返信、新規作成が行えます。

ドコモメールを新規作成する

(1) ホーム画面で✉をタッチします。

(2) 「フォルダー覧」画面左下の[新規]をタッチします。「フォルダ一覧」画面が表示されていないときは、◀を何度かタッチします。

(3) 新規メールの「作成」画面が表示されるので、をタッチします。「To」欄に直接メールアドレスを入力することもできます。

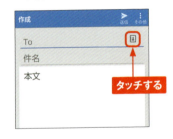

(4) 電話帳に登録した連絡先のメールアドレスが名前順に表示されるので、送信したい宛先をタッチしてチェックを付け、[決定]をタッチします。履歴から宛先を選ぶこともできます。

(5) メールの「作成」画面が表示されるので、「件名」欄をタッチしてタイトルを入力します。「本文」欄をタッチします。

(6) メールの本文を入力します。

(7) [送信]をタッチすると、メールを送信できます。なお、[添付]をタッチすると、写真などのファイルを添付できます。

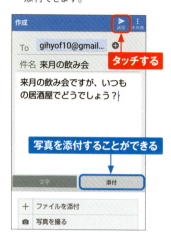

MEMO 文字サイズの変更

ドコモメールでは、メール本文や一覧表示時の文字サイズを変更することができます。P.82手順②で画面右下の[その他]をタッチし、[メール設定]→[表示カスタマイズ]→[文字サイズ設定]の順にタッチし、好みの文字サイズをタッチします。

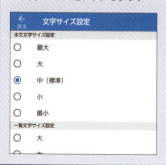

受信したメールを閲覧する

① メールを受信すると通知が表示されるので、✉をタッチします。

受信の通知

タッチする

② 「フォルダ一覧」画面が表示されたら、[受信BOX] をタッチします。

タッチする

③ 受信したメールの一覧が表示されます。内容を閲覧したいメールをタッチします。

タッチする

④ メールの内容が表示されます。宛先横の◎をタッチすると、宛先のアドレスと件名が表示されます。

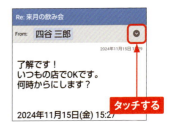

タッチする

MEMO メールの削除

手順③の「受信BOX」画面で削除したいメールの左にある□をタッチしてチェックを付け、画面下部のメニューから [削除] をタッチすると、メールを削除できます。

タッチする

受信したメールに返信する

1. P.84を参考に受信したメールを表示し、画面左下の[返信]をタッチします。

2. メールの「作成」画面が表示されるので、相手に返信する本文を入力します。

3. [送信]をタッチすると、返信のメールが相手に送信されます。

MEMO フォルダの作成

ドコモメールではフォルダでメールを管理できます。フォルダを作成するには、「フォルダ一覧」画面で画面右下の[その他]→[フォルダ新規作成]の順にタッチします。

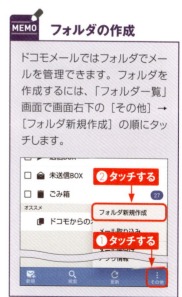

Section 28

メールを自動振分けする

ドコモメールは、送受信したメールを自動的に任意のフォルダへ振分けることも可能です。ここでは、振分けのルールの作成手順を解説します。

振分けルールを作成する

(1) 「フォルダ一覧」画面で画面右下の[その他]をタッチし、[メール振分け]をタッチします。

❶ タッチする
❷ タッチする

(2) 「振分けルール」画面が表示されるので、[新規ルール]をタッチします。

タッチする

(3) [受信メール]または[送信メール](ここでは[受信メール])をタッチします。

タッチする

MEMO 振分けルールの作成

ここでは、受信したメールを「差出人のメールアドレス」に応じてフォルダに振り分けるルールを作成しています。なお、手順③で[送信メール]をタッチすると、送信したメールの振分けルールを作成できます。

86

④ 「振分け条件」の[新しい条件を追加する]をタッチします。

⑤ 振分けの条件を設定します。「対象項目」のいずれか(ここでは[差出人で振り分ける])をタッチします。

⑥ 任意のキーワード(ここでは差出人のメールアドレス)を入力して、[決定]をタッチします。

⑦ 手順④の画面に戻るので[フォルダ指定なし]をタッチし、[振分け先フォルダを作る]をタッチします。

⑧ フォルダ名を入力し、希望があればフォルダのアイコンを選択して、[決定]をタッチします。「確認」画面が表示されたら、[OK]をタッチします。

⑨ [決定]をタッチします。「振分け」画面が表示されたら、[はい]をタッチします。

⑩ 振分けルールが登録されます。

Section **29**

迷惑メールを防ぐ

ドコモメールでは、迷惑メール対策機能が用意されています。ここでは、ドコモがおすすめする内容で一括して設定してくれる「かんたん設定」の設定方法を解説します。利用は無料です。

迷惑メール対策を設定する

(1) ホーム画面で✉をタッチします。

(2) 画面右下の[その他]をタッチし、[メール設定]をタッチします。

(3) [ドコモメール設定サイト]をタッチします。

MEMO 迷惑メールおまかせブロックとは

ドコモでは、迷惑メール対策の設定のほかに、迷惑メールを自動で判定してブロックする「迷惑メールおまかせブロック」という、より強力な迷惑メール対策サービスがあります。月額利用料金は220円ですが、これは「あんしんセキュリティ」の料金なので、同サービスを契約していれば、「迷惑メールおまかせブロック」も追加料金不要で利用できます。

④ 「メール設定」画面で[かんたん設定]をタッチします。

⑤ [受信拒否　強]もしくは[受信拒否　弱]をタッチし、[確認する]をタッチします。パソコンとのメールのやりとりがある場合は[受信拒否　強]だと必要なメールが届かなくなる場合があります。

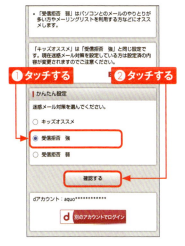

⑥ 設定した内容を確認し、[設定を確定する]をタッチします。

⑦ 設定した内容の詳細が表示されます。

Section **30**

＋メッセージを利用する

Application

「＋メッセージ」アプリでは、携帯電話番号を宛先にして、テキストや写真、ビデオ、スタンプなどを送信できます。「＋メッセージ」アプリを使用していない相手の場合は、SMSでやり取りが可能です。

＋メッセージとは

SH-53Eでは、「＋メッセージ」アプリで＋メッセージとSMSが利用できます。＋メッセージでは文字が全角2,730文字、そのほかに100MBまでの写真や動画、スタンプ、音声メッセージをやり取りでき、グループメッセージや現在地の送受信機能もあります。パケットを使用するため、パケット定額のコースを契約していれば、とくに料金は発生しません。なお、SMSではテキストメッセージしか送れず、別途送信料もかかります。
また、＋メッセージは、相手も＋メッセージを利用している場合のみ利用できます。SMSと＋メッセージどちらが利用できるかは自動的に判別されますが、画面の表示からも判断することができます（下図参照）。

「＋メッセージ」アプリで表示される連絡先の相手画面です。＋メッセージを利用している相手には、↻が表示されます。プロフィールアイコンが設定されている場合は、アイコンが表示されます。

相手が＋メッセージを利用していない場合は、メッセージ画面の名前欄とメッセージ欄に「SMS」と表示されます（上図）。＋メッセージを利用している相手の場合は、何も表示されません（下図）。

＋メッセージを利用できるようにする

(1) ホーム画面を左方向にフリックし、[＋メッセージ]をタッチします。

(2) 初回起動時は、＋メッセージについての説明が表示されるので、内容を確認して、[次へ]をタッチしていきます。バックアップ連携のメッセージが表示されたら、[許可]をタッチします。

(3) 利用条件に関する画面が表示されたら、内容を確認して、[同意して利用する]をタッチします。

(4) 「＋メッセージ」アプリについての説明が表示されたら、左右方向にフリックしながら、内容を確認します。

(5) 「プロフィール（任意）」画面が表示されます。名前などを入力し、[OK]をタッチします。プロフィールは設定しなくてもかまいません。

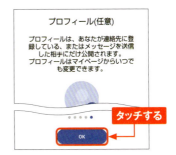

(6) 「＋メッセージ」アプリが起動します。

メッセージを送信する

① P.91手順①を参考にして、「＋メッセージ」アプリを起動します。新規にメッセージを作成する場合は［メッセージ］をタッチして、⊕をタッチします。

② ［新しいメッセージ］をタッチします。

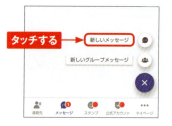

③ 「新しいメッセージ」画面が表示されます。送信先の電話番号を入力して、［直接指定］をタッチします。メッセージを送りたい相手をタッチして、選択することも可能です。

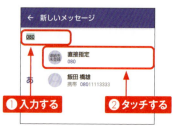

④ ［メッセージ］をタッチして、メッセージを入力し、▶をタッチします。

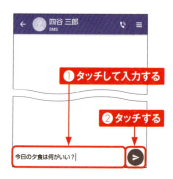

⑤ メッセージが送信され、画面の右側に表示されます。

MEMO 写真やスタンプの送信

「＋メッセージ」アプリでは、写真やスタンプを送信することもできます。写真を送信したい場合は、手順④の画面で⊕→🖼の順にタッチして、送信したい写真をタッチして選択し、▶をタッチします。スタンプを送信したい場合は、手順④の画面で☺をタッチして、送信したいスタンプをタッチして選択し、▶をタッチします。

相手のメッセージに返信する

① メッセージが届くと、ステータスバーに受信のお知らせ📩が表示されます。ステータスバーを下方向にドラッグします。

② ステータスパネルに表示されているメッセージの通知をタッチします。

③ 受信したメッセージが画面の左側に表示されます。メッセージを入力して、▶をタッチすると、相手に返信できます。

MEMO 「メッセージ」画面からのメッセージ送信

「+メッセージ」アプリで相手とやり取りすると、「メッセージ」画面にやり取りした相手が表示されます。以降は、「メッセージ」画面から相手をタッチすることで、メッセージを送信できます。

Section **31**

Gmailを利用する

Application

SH-53EにGoogleアカウントを登録しておけば（Sec.11参照）、すぐにGmailを利用することができます。パソコンでラベルや振分け設定を行うことで、より便利に利用できます（P.93MEMO参照）。

受信したメールを閲覧する

(1) ホーム画面のGoogleフォルダを開いて[Gmail]をタッチします。「Gmailの新機能」画面が表示された場合は、[OK] → [GMAILに移動] → [許可]の順にタッチします。

(2) Google Meetに関する画面が表示されたら[OK]をタッチすると、「受信トレイ」が表示されます。画面を上方向にスクロールして、読みたいメールをタッチします。

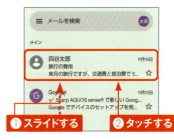

(3) メールの差出人やメール受信日時、メール内容が表示されます。画面左上の←をタッチすると、受信トレイに戻ります。なお、↩をタッチすると、メールに返信することができます。

MEMO Googleアカウントの同期

Gmailを使用する前に、Sec.11の方法であらかじめSH-53Eに自分のGoogleアカウントを設定しましょう。P.35手順⑰の画面で「Gmail」をオンにしておくと、Gmailも自動的に同期されます。すでにGmailを使用している場合は、受信トレイの内容がそのままSH-53Eでも表示されます。

メールを送信する

① P.94を参考に「メイン」などの画面を表示して、[作成]をタッチします。

② メールの「作成」画面が表示されます。[宛先]をタッチして、メールアドレスを入力します。「ドコモ電話帳」内の連絡先であれば、表示される候補をタッチします。

③ 件名とメールの内容を入力し、▷をタッチすると、メールが送信されます。

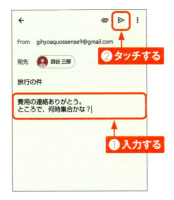

MEMO メニューの表示

「Gmail」の画面を左端から右方向にフリックすると、メニューが表示されます。メニューでは、「メイン」以外のカテゴリやラベルを表示したり、送信済みメールを表示したりできます。なお、ラベルの作成や振分け設定は、パソコンのWebブラウザで「https://mail.google.com/」にアクセスして行います。

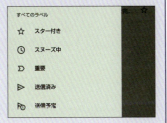

Section **32**

Yahoo!メール／PCメールを設定する

Application

「Gmail」アプリを利用すれば、パソコンで使用しているメールを送受信することができます。ここでは、Yahoo!メールの設定方法と、PCメールの追加方法を解説します。

Yahoo!メールを設定する

① あらかじめ、Yahoo!メールのアカウント情報を準備しておきます。「Gmail」アプリを起動し、P.94手順②の画面で画面左端から右方向にフリックし、[設定]をタッチします。

② [アカウントを追加する]をタッチします。

③ [Yahoo]をタッチします。

④ Yahoo!メールのメールアドレスを入力して、[続ける]をタッチし、画面の指示に従って設定します。

PCメールを設定する

1 あらかじめプロバイダメールなどのPCメールのアカウント情報を準備しておきます。P.96手順③の画面で［その他］をタッチします。

2 PCメールのメールアドレスを入力して、［次へ］をタッチします。

3 アカウントの種類を選択します。ここでは、［個人用（POP3）］をタッチします。

4 パスワードを入力して、［次へ］をタッチします。

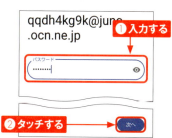

5 ユーザー名や受信サーバーを入力して、［次へ］をタッチします。

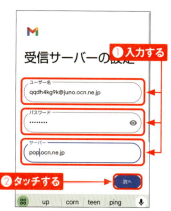

⑥ ユーザー名や送信サーバーを入力して、[次へ] をタッチします。

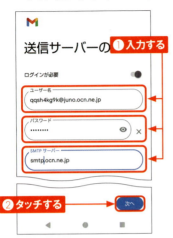

⑦ 「アカウントのオプション」画面が設定されます。[次へ] をタッチします。

⑧ アカウントの設定が完了します。[次へ] をタッチします。

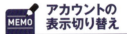

MEMO アカウントの表示切り替え

設定したアカウントに表示を切り替えるには、P.94手順②の画面で右上のアイコンをタッチし、切り替えたいアカウントをタッチします。

Chapter

4

Googleのサービスを
使いこなす

Section 33 Googleアシスタントを利用する

Section 34 新しいAIアシスタント（Gemini）を利用する

Section 35 Google Playでアプリを検索する

Section 36 アプリをインストール／アンインストールする

Section 37 有料アプリを購入する

Section 38 Googleマップを使いこなす

Section 39 紛失したSH-53Eを探す

Section 40 YouTubeで世界中の動画を楽しむ

Section **33**

Googleアシスタントを利用する

Application

SH-53Eでは、Googleの音声アシスタントサービス「Googleアシスタント」を利用できます。ホームボタンをロングタッチするだけで起動でき、音声でさまざまな操作をすることができます。

Googleアシスタントの利用を開始する

1 ●をロングタッチします。

2 Googleアシスタントの開始画面が表示されます。[開始]をタッチします。

3 指示に従って進めて行くとGoogleアシスタントが利用できるようになります。

MEMO 音声でアシスタントを起動する

音声を登録すると、SH-53Eの起動中に「Hey Google（ヘイグーグル）」と発声して、すぐにGoogleアシスタントを使うことができます。設定メニューで、[Google] → [Googleアプリの設定] → [検索、アシスタントと音声] → [Googleアシスタント] → [OK GoogleとVoice Match] → [使ってみる] の順にタッチして、画面に従って音声を登録します。

Googleアシスタントへの問いかけ例

Googleアシスタントを利用すると、語句の検索だけでなく予定やリマインダーの設定、電話やメールの発信など、SH-53Eに話しかけることでさまざまな操作ができます。まずは、「何ができる?」と聞いてみましょう。

●調べ物
「1ポンドは何グラム?」
「DXってなに?」
「今月の祭日は?」

●スポーツ
「ワールドカップの結果は?」
「大相撲の番付は?」
「高校野球の結果は?」

●経路案内
「後楽園ホールの行き方は?」
「市ヶ谷駅の時刻表を知りたい」
「近くの食堂に行きたい」

●楽しいこと
「オカメインコの鳴き声は?」
「今日の運勢は?」
「豆知識を教えて」

タッチして話しかける

 新しいAIアシスタントを使う

Googleアシスタントの上に「Geminiをお試しください」というメッセージが表示された場合、[今すぐ試す]をタッチするとGoogleが開発中のAIアシスタント「Gemini」に切り替えることができます。[後で]をタッチするとメッセージが表示されなくなります。Geminiの使い方は、次のSec.34で紹介しています。

Section **34**

新しいAIアシスタント（Gemini）を利用する

Application

Googleアシスタントのかわりに新しいAIアシスタント「Gemini」を利用できます。Geminiでは長い文章の要約やメールの返信の文章作成などの機能が利用できます。

新しいAIアシスタント（Gemini）に切り替える

① ホーム画面で［Google］フォルダ→［Google］の順にタッチします。

② 右上のアカウントアイコンをタッチするして［設定］をタップします。

③ ［Gemini］をタッチします。

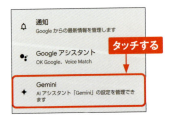

④ 確認の画面が表示されたら、［切り替える］→［Geminiを使用］をタッチします。

MEMO Googleアシスタントに戻す

Googleアシスタントに戻したい場合は、手順③の画面で［Gemini］→［Googleのデジタルアシスタント］の順にタッチし、［Googleアシスタント］をタッチします。

Geminiを利用する

(1) ◯をロングタッチします。

ロングタッチする

(2) Geminiが起動します。入力欄をタッチして質問などを入力し、>をタッチします。 🎤をタッチすると音声入力、📷をタッチすると写真を使って質問ができます。

❶入力する
❷タッチする

(3) 回答が表示されます。

MEMO 他のアプリの使用中にGeminiを使う

他のアプリを使用しているときに◯をロングタッチしてGeminiを起動すると、表示中の内容についての質問ができます。たとえば、ChromeでWebページを表示しているときにGeminiを起動して、[この画面について質問する]をタッチし、「内容を要約して」と質問すると表示中のWebページの要約を作成できます。

タッチする

Section **35**

Google Playで
アプリを検索する

Application

Google Playで公開されているアプリをSH-53Eにインストールすることで、さまざまな機能を利用できるようになります。まずは、目的のアプリを探す方法を解説します。

アプリを検索する

(1) ホーム画面で[Playストア]をタッチします。

(2) 「Playストア」アプリが起動するので、[アプリ]をタッチし、[カテゴリ]をタッチします。

(3) アプリのカテゴリが表示されます。画面を上下にスライドします。

(4) アプリを探したいジャンル(ここでは[フード&ドリンク])をタッチします。

⑤ 「ツール」に属するアプリが表示されます。上方向にスライドし、「人気のフード＆ドリンクアプリ（無料）」の→をタッチします。

⑥ 「無料」のアプリが一覧で表示されます。詳細を確認したいアプリをタッチします。

⑦ アプリの詳細な情報が表示されます。人気のアプリでは、ユーザーレビューも読めます。

MEMO キーワードでの検索

Google Playでは、キーワードからアプリを検索できます。検索機能を利用するには、手順②の画面で［検索］をタッチしてキーワードを入力し、キーボードの🔍をタッチします。

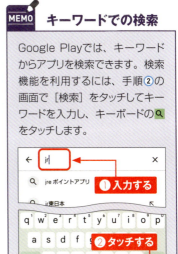

Section **36**

アプリをインストール／アンインストールする

Google Playで目的の無料アプリを見つけたら、インストールしてみましょう。なお、不要になったアプリは、Google Playからアンインストール（削除）できます。

アプリをインストールする

(1) Google Playでアプリの詳細画面を表示し（P.105手順⑥～⑦参照）、[インストール]をタッチします。

(2) アプリのダウンロードとインストールが開始されます。

(3) アプリのインストールが完了します。アプリを起動するには、[開く]をタッチするか、ホーム画面に追加されたアイコンをタッチします。

MEMO ホーム画面にアイコンを追加する

インストール時にホーム画面にアイコンを追加したい場合は、ホーム画面の何もないところをロングタッチし、[ホーム設定] → [ホーム画面にアプリのアイコンを追加] の順にタッチして、オンにします。

アプリをアップデートする／アンインストールする

●アプリをアップデートする

(1) 「Google Play」のトップ画面で右上のアカウントアイコンをタッチし、表示される画面の［アプリとデバイスの管理］をタッチします。

(2) アップデート可能なアプリがある場合、「利用可能なアップデートがあります」と表示されます。［すべて更新］をタッチすると、アプリが一括で更新されます。

●アプリをアンインストールする

(1) 左側の手順②の画面で［管理］をタッチし、アンインストールしたいアプリをタッチします。

(2) アプリの詳細が表示されます。［アンインストール］をタッチし、確認画面で［アンインストール］をタッチすると、アプリがアンインストールされます。

> **MEMO ドコモのアプリのアップデートとアンインストール**
>
> ドコモで提供されているアプリは、上記の方法ではアップデートやアンインストールが行えないことがあります。詳しくは、P.154を参照してください。

Section **37**

有料アプリを購入する

有料アプリを購入する場合、「NTTドコモの決済を利用」「クレジットカード」「Google Playギフトカード」などの支払い方法が選べます。ここでは、クレジットカードを登録する方法を解説します。

クレジットカードで有料アプリを購入する

(1) Google Playで有料アプリを選択し、アプリの価格が表示されたボタンをタッチします。

(2) [カードを追加] をタッチします。

(3) 登録画面で「カード番号」と「有効期限」、「CVCコード」を入力します。

MEMO Google Playギフトカード

コンビニなどで販売されている「Google Playギフトカード」を利用すると、プリペイド方式でアプリを購入できます。クレジットカードを登録したくないときに使うと便利です。Google Playギフトカードを利用するには、P.107左の手順②の画面で[お支払いと定期購入]→[お支払い方法]→[コードの利用]の順にタッチし、カードに記載されているコードを入力して、[コードを利用]をタッチします。

(4) ［クレジットカード所有者の名前］、［国名］、［郵便番号］を入力し、［カードを保存］をタッチします。

❶入力する
❷タッチする

(5) ［1クリックで購入］をタッチします。

タッチする

(6) この後、パスワードの入力画面が表示される場合があります。認証の要求に関する画面が表示されたら、［常に要求する］もしくは［要求しない］のいずれかをタッチして、［OK］をタッチします。

❶タッチする ❷タッチする

(7) Google Play Passに関する画面が表示されたら、［スキップ］もしくは［確認する］のいずれかをタッチします。アプリのダウンロードとインストールが開始します。

MEMO 購入したアプリを払い戻す

有料アプリは、購入してから2時間以内であれば、Google Playから返品して全額払い戻しを受けることができます。P.107右側の手順❶〜❷を参考に、購入したアプリの詳細画面を表示し、［払い戻し］をタッチして、次の画面で［はい］をタッチします。なお、払い戻しできるのは、1つのアプリにつき1回だけです。

タッチする

Section 38

Googleマップを使いこなす

Application

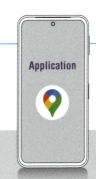

Googleマップを利用すれば、自分の今いる場所や、現在地から目的地までの道順を地図上に表示できます。なお、Googleマップのバージョンによっては、本書と表示内容が異なる場合があります。

「マップ」アプリを利用する準備を行う

① P.20を参考に「設定」アプリを起動して、[位置情報]をタッチします。

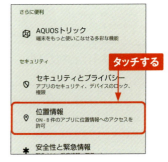

② [位置情報を使用]がオフの場合はタッチします。位置情報についての同意画面が表示されたら、[同意する]をタッチします。

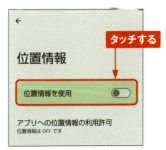

③ オンに切り替わったら、[位置情報サービス]をタッチします。

④ 「位置情報の精度」「Wi-Fiスキャン」「Bluetoothのスキャン」の設定がONになっていとると位置情報の精度が高まります。その分バッテリーを消費するので、タッチして設定を変更することもできます。

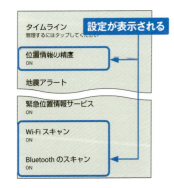

現在地を表示する

① ホーム画面で [Google] → [マップ] とタッチします。

② 「マップ」アプリが起動します。◇をタッチします。

③ 初回はアクセス許可の画面が表示されるので、[正確] をタッチし、[アプリの使用時のみ] をタッチします。

④ 現在地が表示されます。地図の拡大はピンチアウト、縮小はピンチインで行います。スクロールすると表示位置を移動できます。

目的の施設を検索する

① 施設を検索したい場所を表示し、検索ボックスをタッチします。

② 探したい施設名などを入力し、🔍 をタッチします。

③ 該当する施設が一覧で表示されます。上下にスクロールして、表示したい施設名をタッチします。

④ 選択した施設の情報が表示されます。上下にスクロールすると、より詳細な情報を表示できます。

112

目的地までのルートを検索する

(1) P.112を参考に目的地を表示し、[経路] をタッチします。

(2) 移動手段（ここでは🚊）をタッチします。出発地を現在地から変えたい場合は、[現在地]をタップして変更します。ルートが一覧表示されるので、利用したいルートをタッチします。

(3) 目的地までのルートが地図で表示されます。画面下部を上方向へスクロールします。

(4) ルートの詳細が表示されます。下方向へスクロールすると、手順④の画面に戻ります。◀を何度かタッチすると、地図に戻ります。

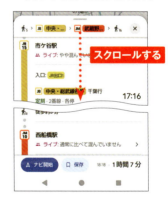

MEMO ナビの利用

手順④の画面に表示される [ナビ開始] をタッチすると、目的地までのルートを音声ガイダンス付きで案内してくれます。

Section **39**

紛失したSH-53Eを探す

Application

万一、SH-53Eを紛失した場合でも、パソコンからSH-53Eがある場所を確認できます。なお、この機能を利用するには、事前に位置情報を有効にしておく必要があります（P.110参照）。

「デバイスを探す」を設定する

① ホーム画面でアプリ一覧ボタンをタッチし、[設定]をタッチします。

タッチする

② [セキュリティとプライバシー]をタッチします。

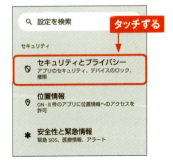
タッチする

③ 「セキュリティとプライバシー」画面で[デバイスを探す]をタッチします。

タッチする

④ [「デバイスを探す」を使用]がオフの場合は、タッチしてオンにします。

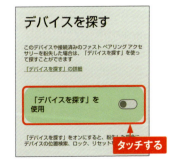
タッチする

パソコンでSH-53Eを探す

1 パソコンのWebブラウザでGoogleの「Googleデバイスを探す」(https://android.com/find)にアクセスします。

2 ログイン画面が表示されたら、Sec.11で設定したGoogleアカウントを入力し、[次へ]をクリックします。Googleアカウントのパスワードの入力を求められたらパスワードを入力し、[次へ]をクリックします。

3 「デバイスを探す」画面で[同意する]をクリックすると、地図が表示され、現在SH-53Eがあるおおよその位置を確認できます。画面左上の項目をクリックすると、現地にあるSH-53Eで音を鳴らしたり、ロックをかけたり、端末内のデータを初期化したりできます。

Section **40**

YouTubeで世界中の動画を楽しむ

世界最大の動画共有サイトであるYouTubeの動画は、SH-53Eでも視聴することができます。高画質の動画を再生可能で、一時停止や再生位置の変更も行えます。

Application

YouTubeの動画を検索して視聴する

1. ホーム画面でGoogleフォルダをタッチして開き、[YouTube]をタッチします。

2. YouTube Premiumに関する画面が表示された場合は、[スキップ]をタッチします。YouTubeのトップページが表示されるので、🔍 をタッチします。

3. 検索したいキーワードを入力して、🔍 をタッチします。

   ❶入力する
   ❷タッチする

4. 検索結果の中から、視聴したい動画のサムネイルをタッチします。

116

⑤ 動画が再生されます。ステータスパネル（P.18参照）の［自動回転］をタッチしてオンにすると、本体が横向きの場合に全画面表示になります。画面をタッチします。

⑥ メニューが表示されます。⏸をタッチすると一時停止します。⌄をタッチします。

⑦ 再生画面がウィンドウ化され、動画を再生しながら視聴したい動画の選択操作ができます。動画再生を終了するには✕をタッチするか、◀を何度かタッチしてYouTubeを終了します。

YouTubeの操作

MEMO そのほかのGoogleサービスアプリ

本章で紹介したアプリ以外にも、さまざまなGoogleサービスのアプリがあります。あらかじめSH-53Eにインストールされているアプリのほか、Google Playで無料で公開されているアプリも多いので、ぜひ試してみてください。

Google翻訳

100種類以上の言語に対応した翻訳アプリ。音声入力やカメラで撮影した写真の翻訳も可能。

Google Keep

文字や写真、音声によるメモを作成するアプリ。Webブラウザでの編集も可能。

Googleドライブ

無料で15GBの容量が利用できるオンラインストレージアプリ。ファイルの保存・共有・編集ができる。

Googleカレンダー

Web上のGoogleカレンダーと同期し、同じ内容を閲覧・編集できるカレンダーアプリ。

Chapter

5

音楽や写真、動画を楽しむ

Section 41 　パソコンから音楽／写真／動画を取り込む
Section 42 　本体内の音楽を聴く
Section 43 　写真や動画を撮影する
Section 44 　カメラの撮影機能を活用する
Section 45 　Googleフォトで写真や動画を閲覧する
Section 46 　Googleフォトを活用する

Section **41**

パソコンから音楽／写真／動画を取り込む

Application

SH-53EはUSB Type-Cケーブルでパソコンと接続して、本体メモリやmicroSDカードに各種データを転送することができます。お気に入りの音楽や写真、動画を取り込みましょう。

パソコンと接続する

(1) パソコンとSH-53EをUSB Type-Cケーブルで接続します。パソコンでドライバーソフトのインストール画面が表示された場合はインストール完了まで待ちます。ステータスバーを下方向にドラッグします。

ドラッグする

(2) ［このデバイスをUSBで充電中］をタッチします。

タッチする

(3) 「USBの設定」画面が表示されるので、［ファイル転送］をタッチすると、パソコンからSH-53Eにデータを転送できるようになります。

タッチする

MEMO 接続時に「USBの設定」が表示された場合

接続したときに「USCの設定」が表示された場合、［ファイル転送］をタッチするとパソコンからファイルを転送できるようになります。

タッチする

パソコンからデータを転送する

① パソコンでエクスプローラーを開き、「PC」にある [SH-53E] をクリックします。

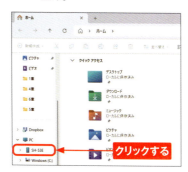

② [内部共有ストレージ] をダブルクリックします。microSDカードを挿入している場合は、「SDカード」と「内部共有ストレージ」が表示されます。

③ 本体内のフォルダやファイルが表示されます。

④ パソコンからコピーしたいファイルやフォルダをドラッグします。ここでは、音楽ファイルが入っている「音楽」というフォルダを「Music」フォルダにコピーします。

⑤ ファイルがコピーされます。コピーが完了したら、パソコンからUSB Type-Cケーブルを外します。画面はコピーしたファイルをSH-53Eの「YT Music（Sec.42参照）」アプリで表示したところです。

Section **42**

本体内の音楽を聴く

SH-53Eでは、音楽の再生や音楽情報の閲覧などができる「YouTube Music」を利用することができます。ここでは、本体に取り込んだ曲のファイルを再生する方法を紹介します。

本体内の音楽ファイルを再生する

(1) 「Playストア (Sec.36参照)」から「YT Music」アプリをインストールします。アプリ一覧画面で、[YT Music] をタッチします。

(2) 初回起動時には、有料プランの案内が表示されます。ここでは、右上の×をタッチします。再度有料プランの案内が表示されたら、[参加しない] をタッチします。

(3) YouTube Musicのホーム画面が表示されます。

(4) YouTube Musicのホーム画面の下部にある [ライブラリ] をタッチします。

5

[ライブラリ]をタッチし、[デバイスのファイル]をタッチします。

6

アクセスの許可が求められるので、[許可]をタッチすると、デバイス内の音楽ファイルが表示されるので聴きたい曲をタッチします。

7

曲が再生されます。画面を下方向にスライドします。

8

再生画面がウィンドウ化され、曲の選択操作ができます。

Section **43**

写真や動画を撮影する

Application

SH-53Eには高性能なカメラが搭載されています。さまざまなシーンで自動で最適の写真や動画が撮れるほか、モードや設定を変更することで、自分好みの撮影ができます。

写真を撮影する

(1) ホーム画面で[カメラ]をタッチします。アプリに必要な許可についての画面が表示された場合は、[次へ]をタッチして[許可]をタッチします。

(2) そのまま○をタッチすると、オートフォーカスで写真が撮影できます。○をロングタッチすると、連続で撮影できます。被写体タッチしてフォーカスを合わせ、AEアイコンをドラッグして露出ポイントを決めてから撮影することもできます。

(3) 撮影後、直前に撮影したデータアイコンをタッチすると、撮影した写真を確認することができます。◎をタッチすると、インカメラとアウトカメラを切り替えることができます。

動画を撮影する

(1) 動画を撮影したいときは、画面右端を上方向（横向き時。縦向き時は右方向）にスワイプするか、[ビデオ]をタッチします。

(2) 動画撮影モードになります。◉をタッチします。

(3) 動画の撮影が始まり、撮影時間が表示されます。撮影を終了するときは、◻をタッチします。

(4) 「フォト」アプリ（P.134参照）のアルバムで動画を選択すると、動画が再生されます。

撮影画面の見かた

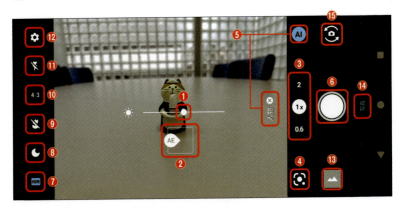

❶	明るさ調整バー	❾	接写機能
❷	フォーカスマーク	❿	写真サイズ
❸	ズーム倍率（P.127参照）	⓫	フラッシュ
❹	Googleレンズ（P.132参照）	⓬	設定（P.128参照）
❺	被写体認識機能	⓭	直前に撮影したデータ
❻	写真（静止画）撮影	⓮	撮影モード
❼	HDR	⓯	イン／アウトカメラ切替
❽	ナイト		

MEMO 被写体認識機能

被写体やシーンをAIが判断して、最適な画質やシャッタースピードで撮影する機能です。アイコンをタッチすることでオン／オフを切り替えられます。認識する被写体は、人物、動物、料理、夜景、花火、白板、黒板などです。認識した内容は、❺の位置に表示されます。

ズーム倍率を変更する

(1) カメラのズーム倍率を上げるには、「カメラ」アプリの画面上でピンチアウトします。

ピンチアウトする

(2) ズーム倍率は最大8.0倍まで上げることができます。ズーム倍率を下げるには、画面上をピンチインします。

ピンチインする

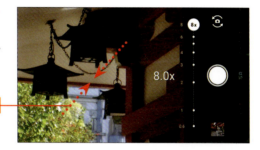

(3) ズーム倍率は最小0.6倍まで下げることができます。ズーム倍率に応じて、標準カメラと広角カメラが自動で切り替わります。

(4) ズーム倍率のスライダー上をドラッグすることでも、ズーム倍率を変更できます。

Section 44

カメラの撮影機能を活用する

Application

SH-53Eのカメラには、背景をぼかして撮影するポートレイトモードや撮影した被写体やテキストを調べる機能などがあります。カメラの機能を活用すると、撮影をより楽しむことができます。

カメラの「設定」画面を表示する

(1) カメラの⚙をタッチすると、写真の設定画面が表示されます。

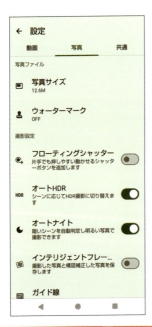

[写真]をタッチすると、写真サイズやオートHDRのオン/オフ、ガイド線の種類などを設定できます。

(2) [動画]や[共通]をタッチして、それぞれの設定画面に切り替えることができます。

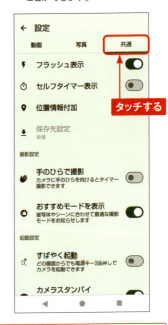

タッチする

[共通]ではフラッシュや位置情報、カメラに手のひらを向けるとタイマー撮影ができる「手のひらで撮影」などの設定ができます。

ガイド線を利用する

1. P.128を参考にカメラの「設定」画面を表示して、[写真] → [ガイド線] をタッチします。

2. 被写体に合わせて、ガイド線を選んでタッチします。「設定」画面に戻るので、左上の←をタッチします。

3. カメラの画面に戻ると、画面上にガイド線が表示されます。ガイド線を参考に構図を決めて、○をタッチします。

4. ガイド線はカメラの画面に表示されるだけで、撮影された写真には写りません。

写真の縦横比ーサイズを変更する

(1) カメラの画面で 4:3 をタッチします。

タッチする

(2) 初期状態では縦横比ーサイズが4:3になっています。変更したい縦横比ーサイズをタッチします。ここでは、[16:9]をタッチしています。

タッチする

(3) カメラの画面に戻ります。手順②で選択した縦横比ーサイズに応じて、カメラの画面の縦横比が変わります。○をタッチして写真を撮影します。

タッチする

(4) 選択した縦横比ーサイズで写真が撮影されます。

背景をぼかして撮影する

(1) カメラの画面で［ポートレート］をタッチします。

(2) ポートレートモードになります。調整バーを上下（縦向きの場合は左右）にドラッグすると、ぼかしの強さを変更できます。[美肌]をタッチします。

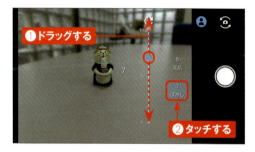

(3) 調整バーを上下（縦向きの場合は左右）にドラッグすると、被写体の人物の顔の補正を調整できます。調整が終わったら、◯をタッチすると写真を撮影できます。

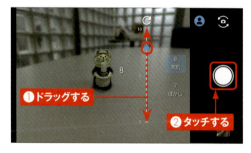

MEMO ペット（動物）を撮影する場合

被写体が動物の場合は、手順②の画面で❷をタッチして❷をタッチすると、ペットモードに切り替えられます。ペットモードでは、毛並みの雰囲気を調整することができます。

Googleレンズで撮影したものをすばやく調べる

(1) カメラを起動し、◎をタッチします。初回起動時は［カメラを起動］→［アプリの起動時のみ］の順にタッチします。

(2) 調べたいものにカメラをかざし、⊕をタッチします。

(3) 被写体の名前などの情報が表示されます。―を上方向にスライドします。

(4) さらに詳しい情報をWeb検索で調べることができます。

QRコードを読み取る

(1) カメラの画面内にQRコードを収めます。

(2) QRコードの読み取りが完了すると、画面上部にメッセージが表示されます。メッセージをタッチします。

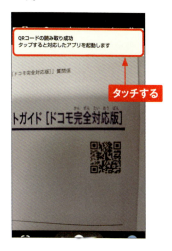

タッチする

(3) 対応したアプリが起動します。ここでは、Chromeが起動し、Webページが表示されました。

MEMO QRコードスキャナーを使う

「カメラ」アプリを使う以外にも、ステータスパネルにあるQRコードスキャナーを利用する方法もあります。ステータスバーを2本の指で下にドラッグしてステータスパネルを表示し、機能ボタンの部分を左に2回フリックして、[QRコードスキャナー]をタッチすると起動できます。起動したら、枠内にQRコードを収めると読み取ることができます。

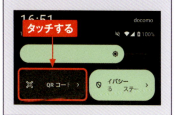

タッチする

Section **45**

Googleフォトで写真や動画を閲覧する

Application

SH-53Eには、写真や動画を閲覧する「フォト」アプリが最初から
インストールされています。撮影した写真や動画は、その場ですぐ
に再生して楽しむことができます。

「フォト」アプリを起動する

(1) ホーム画面で[フォト]をタッチします。

(2) バックアップの利用についての画面が表示されます。[使ってみる]をタッチします。バックアップの設定は後から変更できます(P.139参照)。

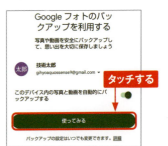

(3) 「フォト」アプリの画面が表示されます。写真や動画のサムネイルをタッチします。

(4) 写真や動画が表示されます。

写真や動画を削除する

① 「フォト」アプリを起動して、削除したい写真をロングタッチします。

② 写真が選択されます。複数の写真を削除したい場合は、ほかの写真もタッチして選択しておきます。🗑をタッチし、「アイテムをゴミ箱に移動します」の説明が表示されたら［OK］をタッチします。

③ ［ゴミ箱に移動］をタッチします。

④ 写真がゴミ箱に移動します。

MEMO 写真を完全に削除する

手順④の時点で写真はゴミ箱に移動しますが、まだ削除されていません。写真をGoogleフォトから完全に削除するには、手順①の画面で右下の［コレクション］→［ゴミ箱］の順でタッチし、「ゴミ箱」画面で⋮→［ゴミ箱を空にする］→［完全に削除する］の順でタッチします。

写真を編集する

（1）「フォト」アプリで写真を表示して、[編集]をタッチします。「便利な編集機能」の説明が表示されたら[OK]をタッチします。

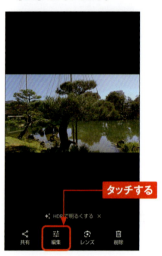

（2）自動補正の候補からいずれかを選んでタッチします。なお、表示される自動補正の候補は写真によって異なります。

（3）編集が適用された写真が表示されます。いずれの編集の場合も、[キャンセル]をタッチすると編集をやり直すことができます。[コピーを保存]をタッチすると、もとの写真はそのままで、写真のコピーが保存されます。

（4）写真のコピーが保存されました。

⑤ 手順②の画面で[切り抜き]をタッチすると、写真をトリミングしたり、回転させたりすることができます。

⑥ [調整]をタッチすると、明るさやコントラストの変更、肌の色の修正などができます。

⑦ [フィルタ]をタッチすると、各種のフィルタを適用して写真の雰囲気を変更することができます。

⑧ [ツール]をタッチすると、写真をぼかしたり、「消しゴムマジック」で写真に写っている人や物を消すことができます。なお、機能によっては追加でインストールする必要があります。

動画を編集する

① 「フォト」アプリで動画を表示して、[編集]をタッチします。

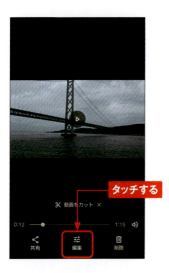

② 画面の下部に表示されたフレームをタッチして場面を選び、[フレーム画像をエクスポート]をタッチすると、その場面が写真として保存されます。[スタビライズ]をタッチすると、動画の手ブレを補整できます。

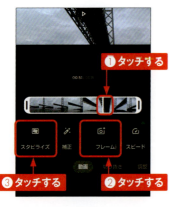

③ 画面の下部に表示されたフレームの左右のハンドルをドラッグして、動画をトリミングすることができます。[コピーを保存]をタッチすると、新しい動画として保存されます。

MEMO 静止画として保存

手順①の画面で、画面上部の︙をタップし、[あとからキャプチャーで編集]をタップし、再生する動画中で🎦をタップすることで、静止画として保存することができます。

Section **46**

Googleフォトを活用する

Application

「フォト」アプリでは、写真をバックアップしたり、写真を検索したりできる便利な機能が備わっています。また、写真は自動的にアルバムで分類されて、撮影した写真をかんたんにまとめてくれます。

バックアップする写真の画質を確認する

(1) 「フォト」アプリで、右上のユーザーアイコンをタッチし、[フォトの設定]をタッチします。

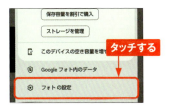

(2) [バックアップ] をタッチします。

(3) [バックアップ] がオフの場合はタッチします。

(4) オンに切り替わり、バックアップと同期がオンになります。[バックアップの画質] をタッチします。

(5) [元の画質] はもとの画質で、[保存容量の節約画質] は画質を下げて保存します。「節約画質」のほうがより多くの写真を保存できます。

139

写真を検索する

(1) 「フォト」アプリを起動し、[検索] をタッチします。

(2) [写真を検索] 欄に写真のキーワードを入力し、🔍をタッチします。「写真の検索結果を改善するには」の確認画面が表示されたら、ここでは [利用しない] をタッチします。

(3) キーワードに対応した写真の一覧が表示されます。

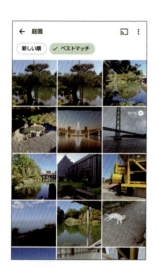

MEMO 写真内の文字で検索する

手順②の画面でキーワードを入力して、写真に写っている活字やフォントで、写真を検索することもできます。

Chapter

6

ドコモのサービスを
利用する

Section 47　　dメニューを利用する

Section 48　　my daizを利用する

Section 49　　My docomoを利用する

Section 50　　d払いを利用する

Section 51　　SmartNews for docomoでニュースを読む

Section 52　　スケジュールで予定を管理する

Section 53　　ドコモのアプリをアップデートする

Section **47**

dメニューを利用する

Application

SH-53Eでは、ドコモのポータルサイト「dメニュー」を利用できます。dメニューでは、ドコモのサービスにアクセスしたり、メニューリストからWebページやアプリを探したりできます。

メニューリストからWebページを探す

(1) ホーム画面で[dメニュー]をタッチします。「dメニューお知らせ設定」画面が表示された場合は、[OK]をタッチします。

(2) 「Chrome」アプリが起動し、dメニューが表示されます。メニューを左右にドラッグして、[メニューリスト]をタッチします。

(3) 「メニューリスト」画面が表示されます。画面を上方向にスクロールします。

MEMO dメニューとは

dメニューは、ドコモのスマートフォン向けのポータルサイトです。ドコモおすすめのアプリやサービスなどをかんたんに検索したり、利用料金の確認などができる「My docomo」(Sec.49参照)にアクセスしたりできます。

④ 閲覧したいWebページのジャンルをタッチします。

⑤ 一覧から、閲覧したいWebページのタイトルをタッチします。アクセス許可の確認が表示された場合は、[許可] をタッチします。

⑥ 目的のWebページが表示されます。◀を何回かタッチすると、一覧に戻ります。

MEMO　マイメニューの利用

P.142手順②で [マイメニュー] をタッチしてdアカウントでログインすると、「マイメニュー」画面が表示されます。登録したアプリやサービスの継続課金一覧、dメニューから登録したサービスやアプリを確認できます。

Section **48**

my daizを利用する

Application

「my daiz」は、話しかけるだけで情報を教えてくれたり、ユーザーの行動に基づいた情報を自動で通知してくれたりするサービスです。使い込めば使い込むほど、さまざまな情報を提供してくれます。

my daizの機能

my daizは、登録した場所やプロフィールに基づいた情報を表示してくれるサービスです。有料版を使用すれば、ホーム画面のmy daizのアイコンが先読みして教えてくれるようになります。また、直接my daizと会話して質問したり本体の設定を変更したりすることもできます。

●アプリで情報を見る

「my daiz」アプリで「NOW」タブを表示すると、道路の渋滞情報を教えてくれたり、帰宅時間に雨が降りそうな場合に傘を持っていくよう提案してくれたりなど、ユーザーの登録した内容と行動に基づいた情報が先読みして表示されます。

●my daizと会話する

「my daiz」アプリを起動して「マイデイズ」と話しかけると、対話画面が表示されます。マイクアイコンをタッチして話しかけたり、文字を入力したりすることで、天気予報の確認や調べ物、アラームやタイマーなどの設定ができます。

my daizを利用できるようにする

(1) ホーム画面やロック画面でマチキャラをタッチします。

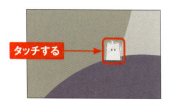

(2) 初回起動時は機能の説明画面が表示されます。[はじめる]→[次へ]の順にタッチし、[アプリの使用時のみ]をタッチし、[許可]を数回タッチします。さらに、画面の指示に従って進めます。

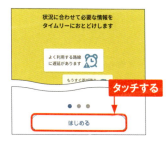

(3) 初回は利用規約が表示されるので、上方向にスライドして「上記事項に同意する」のチェックボックスをタッチしてチェックを付け、[同意する]→[あとで設定]の順にタッチします。

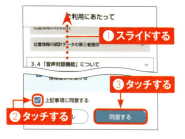

(4) 「my daiz」が起動します。≡をタッチしてメニューを表示し、[設定]をタッチします。

(5) [プロフィール]をタッチしてdアカウントでログインすると、さまざまな項目の設定画面が表示されます。未設定の項目は設定を済ませましょう。

(6) 手順④の画面で[設定]→[コンテンツ・機能]をタッチすると、ジャンル別にカードの表示や詳細を設定できます。

Section **49**

My docomoを利用する

Application

「My docomo」アプリでは、契約内容の確認・変更などのサービスが利用できます。利用の際には、dアカウントのパスワードやネットワーク暗証番号（P.36参照）が必要です。

契約情報を確認／変更する

(1) アプリ一覧画面で［My docomo］をタッチします。利用規約が表示されたら、［規約に同意してご利用を開始］をタッチします。

(2) ［dアカウントでログイン］をタッチします。「パスキー設定画面が表示されたら」というメッセージが表示されたら［OK］をタッチします。

(3) dアカウントのIDを入力して［次へ］をタッチします。

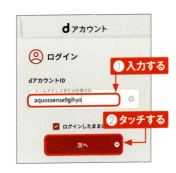

(4) 「パスキーを使用するには・・・」と表示されたら、◀をタッチするか、［画面ロックを設定］をタッチしてSec.57～59を参考にいずれかの画面ロックを設定します。ここでは、◀をタッチします。

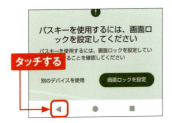

(5) パスワードを入力して、[ログイン]をタッチします。

(6) 2段階認証用のセキュリティコードが送られてくるので、入力して[次へ]をタッチします。

(7) [ログイン]をタッチします。注意事項が表示されたら[OK]をタッチします。

(8) 「通知の受け取り」や「パスコードロック機能の設定」画面が表示されたら、それぞれ[今はしない]をタッチします。

(9) My docomoのホーム画面が表示され、通信量や料金の確認ができます。下部の[お手続き]をタッチすると、住所変更や料金プランの変更などができます。

Section **50**

d払いを利用する

「d払い」は、NTTドコモが提供するキャッシュレス決済サービスです。お店でバーコードを見せるだけでスマホ決済を利用できるほか、Amazonなどのネットショップの支払いにも利用できます。

d払いとは

「d払い」は、以前からあった「ドコモケータイ払い」を拡張して、ドコモ回線ユーザー以外も利用できるようにした決済サービスです。ドコモユーザーの場合、支払い方法に電話料金合算払いを選べ、より便利に使えます（他キャリアユーザーはクレジットカードが必要）。

「d払い」アプリでは、バーコードを見せるか読み取ることで、キャッシュレス決済が可能です。支払い方法は、電話料金合算払い、d払い残高（ドコモ口座）、クレジットカードから選べるほか、dポイントを使うこともできます。

画面から［クーポン］をタッチすると、クーポンの情報が一覧表示されます。ポイント還元のキャンペーンはエントリー操作が必須のものが多いので、こまめにチェックしましょう。

d払いの初期設定を行う

(1) Wi-Fiに接続している場合はP.182を参考にオフにしてから、ホーム画面で[d払い]をタッチします。アップデートが必要な場合は、[アップデート]をタッチして、アップデートします。

(2) サービス紹介画面で[次へ]をタッチして、続けて[アプリの使用時のみ]をタッチします。

(3) 「ご利用規約」画面で[同意して次へ]をタッチして、「ログインして始めよう」画面で[dアカウントでログイン]をタッチします。

(4) 「ログイン」画面で、ネットワーク暗証番号を入力し、[ログイン]→[ログイン]→[次へ]→[許可]とタッチすると、設定が完了します。

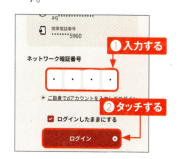

MEMO dポイントカード

d払いのバーコード部分を左にスライドすると、モバイルdポイントカードのバーコードを表示できます。dポイントカードが使える店では、支払い前にdポイントカードを見せて、d払いで支払うことで、二重にdポイントを貯めることができます。

Section 51

SmartNews for docomoでニュースを読む

SmartNews for docomoは、さまざまなカテゴリのニュースや情報が表示されるサービスです。選択したカテゴリのニュースだけ表示するよう設定することもできます。

好みのニュースを表示する

① ホーム画面で🗞をタッチするか、ホーム画面を上方向にスライドします。

② SmartNews for docomoのトップ画面が表示されます。上部のタブをタッチして、記事のカテゴリを切り替えます。

③ 画面を上下にスクロールして、読みたい記事をタッチします。

④ 記事の詳細が表示されます。左上の←をタッチすると、トップ画面に戻ります。

⑤ トップ画面の左右の端を画面中央へフリックすると、隣りのカテゴリの画面に切り替わります。

⑥ 画面を下方向へフリックして、右上に表示された⚙をタッチします。

⑦ SmartNews for docomoの「設定」画面が表示されて、テーマや文字サイズなどを変更できます。[チャンネルの選択と並び替え]をタッチします。

⑧ ニュースのカテゴリをタッチしてチェックを外すと、そのカテゴリはトップページに表示されなくなります。＝を上下にドラッグすると、トップページのカテゴリの順番を変更できます。

⑨ 手順⑦で[配信時刻とプッシュ通知]をタッチすると、「配信時刻とプッシュ通知」画面が表示されます。ニュースの種類の1つをタッチします。

⑩ [通知を表示]をタッチしてオフにすると、そのニュースの通知はステータスパネルに表示されなくなります。

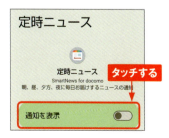

Section 52

スケジュールで予定を管理する

Application

ドコモの「スケジュール」アプリを利用すると、カレンダー画面から予定の登録や確認などができます。重要な予定にはアラームを設定すると、事前に通知が届きます。

利用の準備を行う

① 「アプリ一覧」画面で［ツール］→［スケジュール］の順にタッチします。

② 「機能利用の許可」の説明が表示された場合は、［次の画面へ］をタッチします。

③ 許可や許諾を求める画面が表示されたら、［許可］［規約に同意して利用を開始］などをタッチして進みます。クラウドサービスについての説明が表示されたら、［後で設定する］をタッチします。

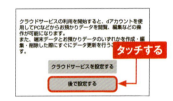

④ 「確認」画面で［OK］をタッチすると、「スケジュール」アプリのカレンダーが表示されます。左右にスワイプすると、前月や翌月に切り替わります。

予定を登録する

① カレンダーの予定を登録したい日をロングタッチし、表示された画面で[新規作成]をタッチします。

② 「作成・編集」画面で、予定のタイトルなどを入力します。「開始」の時刻をタッチします。

③ 予定の開始時刻を設定します。

④ 同様に「終了」の時刻と、必要に応じて「アラーム」を設定して[保存]をタッチします。

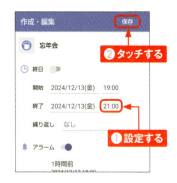

⑤ カレンダーに戻り、予定を登録した日にはアイコンが表示されます。予定のある日をタッチします。

⑥ 当日の予定の一覧が表示されます。予定をタッチすると、詳細を確認できます。

Section **53**

ドコモのアプリを
アップデートする

ドコモの各種サービスを利用するためのアプリは、「設定」アプリからインストールしたり、アップデートしたりできます。ここでは、アプリをアップデートする手順を紹介します。

Application

ドコモのアプリをアップデートする

1 「設定」アプリで[ドコモのサービス/クラウド]をタッチします。

2 [ドコモアプリ管理]をタッチします。

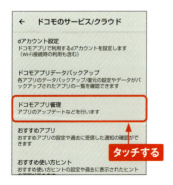

3 [すべてアップデート]をタッチすると、一覧に表示されたアプリがすべてアップデートされます。

4 一部のアプリは、アップデートの同意を求められることがあります。その場合は、個別に[同意する]をタッチします。

Chapter

7

SH-53Eを使いこなす

Section 54	ホーム画面をカスタマイズする
Section 55	壁紙を変更する
Section 56	不要な通知を表示しないようにする
Section 57	画面ロックに暗証番号を設定する
Section 58	指紋認証で画面ロックを解除する
Section 59	顔認証で画面ロックを解除する
Section 60	スクリーンショットを撮る
Section 61	スリープモードになるまでの時間を変更する
Section 62	リラックスビューを設定する
Section 63	電源キーの長押しで起動するアプリを変更する
Section 64	アプリのアクセス許可を変更する
Section 65	エモパーを活用する
Section 66	画面のダークモードをオフにする
Section 67	おサイフケータイを設定する
Section 68	バッテリーや通信量の消費を抑える
Section 69	Wi-Fiを設定する
Section 70	Wi-Fiテザリングを利用する
Section 71	Bluetooth機器を利用する
Section 72	SH-53Eをアップデートする
Section 73	SH-53Eを初期化する

Section **54**

ホーム画面を
カスタマイズする

ホーム画面には、アプリアイコンを配置したり、フォルダを作成してアプリアイコンをまとめることができます。よく使うアプリのアイコンをホーム画面に配置して、使いやすくしましょう。

アプリアイコンをホーム画面に追加する

1 アプリ一覧画面を表示します。ホーム画面に追加したいアプリアイコンをロングタッチして、[ホーム画面に追加]をタッチします。

2 ホーム画面にアプリアイコンが追加されます。

3 アプリアイコンをロングタッチしてそのままドラッグすると、好きな場所に移動することができます。

4 アプリアイコンをロングタッチして、画面上部に表示される[削除]までドラッグすると、アプリアイコンをホーム画面から削除することができます。

フォルダを作成する

① ホーム画面のアプリアイコンをロングタッチして、フォルダに追加したいほかのアプリアイコンの上にドラッグします。

② 確認画面が表示されるので、[作成する] をタッチします。

③ フォルダが作成されます。

④ フォルダをタッチすると開いて、フォルダ内のアプリアイコンが表示されます。

⑤ 手順④で [名前の編集] をタッチすると、フォルダに名前を付けることができます。

MEMO ドックのアイコンの入れ替え

ホーム画面下部にあるドックのアイコンは、入れ替えることができます。アイコンを任意の場所にドラッグし、代わりに配置したいアプリのアイコンを移動します。

Section **55**

壁紙を変更する

ホーム画面では、撮影した写真など、SH-53E内に保存されている画像を壁紙に設定することができます。ロック画面の壁紙も同様の操作で変更することができます。

壁紙を変更する

1 ホーム画面の何もないところをロングタッチします。表示されたメニューの [壁紙] をタッチします。許可に関する画面が表示されたら、[次へ] → [許可] の順でタッチします。

2 [フォト] をタッチし、[1回のみ] または [常時] をタッチします。

3 「写真を選択」画面では、ここでは [カメラ] をタッチします。

4 壁紙にする写真を選んでタッチします。

⑤ 表示された写真上を左右にドラッグして位置を調整し、[保存]をタッチします。

❶ドラッグする
❷タッチする
保存

⑥ ここではホーム画面に壁紙を設定するので、[ホーム画面]をタッチします。[ロック画面]や[ホーム画面とロック画面]をタッチして、ロック画面の壁紙を設定することもできます。

壁紙を設定
ホーム画面 ← タッチする
ロック画面
ホーム画面とロック画面

⑦ ホーム画面の壁紙に写真が表示されます。

MEMO ロック・ホームフォトシャッフル

SH-53Eでは、壁紙がランダムに切り替わる「ロック・ホームフォトシャッフル」を利用できます。手順❷の画面で[ロック・ホームフォトシャッフル]をタッチすると、オン／オフや切り替わる間隔、表示する写真などを設定できます。なお、初期状態ではロックフォトシャッフルがオンになっており、ロック画面を表示するたびに壁紙が切り替わります。

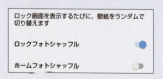

Section **56**

不要な通知を表示しないようにする

通知はホーム画面やロック画面に表示されますが、アプリごとに通知のオン／オフを設定することができます。また、ステータスパネルから通知を選択して、通知をオフにすることもできます。

アプリからの通知をオフにする

(1) 「設定」アプリを開いて[通知]→[アプリの通知]の順でタッチします。

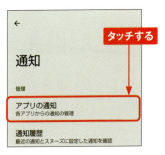

(2) 「アプリの通知」画面で[新しい順]→[すべてのアプリ]の順でタッチします。

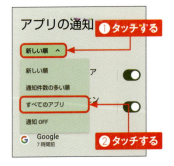

(3) 通知をオフにしたいアプリ（ここでは[+メッセージ]）をタッチします。

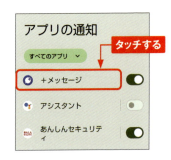

(4) [〜のすべての通知]をタッチすると が に切り替わり、すべての通知が表示されなくなります。各項目をタッチして、個別に設定することもできます。

ステータスパネルで通知をオフにする

① ステータスバーを下方向にドラッグします。

② 通知をオフにしたいアプリの通知をロングタッチします。

③ [通知をOFFにする] をタッチします。

④ [〜のすべての通知] をタッチして ●━ を ━● に切り替え、[完了] をタッチします。

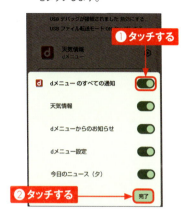

MEMO ロック画面での通知の非表示

P.160手順①の画面で [ロック画面上の通知] をタッチして、[通知を表示しない] をタッチすると、ロック画面に通知が表示されなくなります。

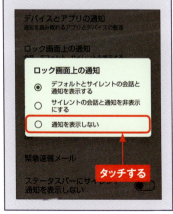

Section 57

画面ロックに暗証番号を設定する

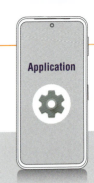

SH-53Eは「PIN」(暗証番号)を使用して画面にロックをかけることができます。なお、ロック画面の通知の設定が行われるので、変更する場合はP.163MEMOを参照してください。

画面ロックに暗証番号を設定する

(1) 「設定」アプリを開いて、[セキュリティとプライバシー]→[画面ロックを設定]の順にタッチします。

(2) [PIN]をタッチします。「PIN」とは画面ロックの解除に必要な暗証番号のことです。

(3) テンキーボードで4桁以上の数字を入力し、[次へ]をタッチします。次の画面でも再度同じ数字を入力し、[確認]をタッチします。

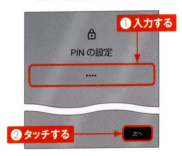

(4) ロック画面の通知についての設定が表示されます。表示する内容をタッチしてオンにし、[完了]をタッチすると、設定完了です。

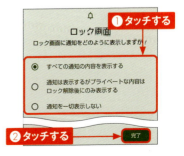

暗証番号で画面のロックを解除する

① スリープモード（P.10参照）の状態で、電源キーを押します。

押す

② ロック画面が表示されます。画面を上方向にスワイプします。

スワイプする

③ P.162手順③で設定した暗証番号（PIN）を入力して→|をタッチすると、画面のロックが解除されます。

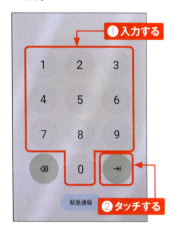

❶入力する
❷タッチする

MEMO 暗証番号の変更

設定した暗証番号を変更するには、P.162手順①で［画面ロック］をタッチし、現在の暗証番号を入力して［次へ］をタッチします。表示される画面で［PIN］をタッチすると、暗証番号を再設定できます。暗証番号が設定されていない初期の状態に戻すには、[スワイプ]をタッチします。

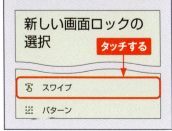

タッチする

163

Section **58**

指紋認証で
画面ロックを解除する

Application

SH-53Eは「指紋センサー」を使用して画面ロックを解除することができます。指紋認証の場合は、予備の解除方法を併用する必要があります。

指紋を登録する

1 「設定」アプリを開いて、[セキュリティーとプライバシー]をタッチします。

2 [デバイスのロック解除] → [指紋] の順でタッチします。

3 指紋は予備のロック解除方法と合わせて登録する必要があります。ロック解除方法を設定していない場合は、いずれかの解除方法を選択します。ここでは [PIN・指紋認証] をタッチします。

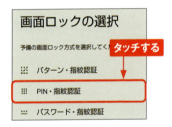

4 P.162手順③を参考に、暗証番号(PIN)を設定します。

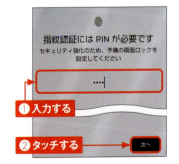

164

⑤ ロック画面に表示させる通知の種類をタッチして選択し、[完了]をタッチします。

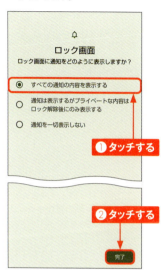

⑥ [同意する]→[次へ]の順にタッチします。

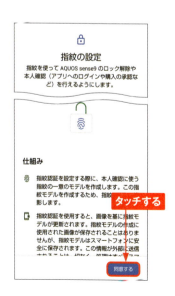

⑦ 指紋センサーに指を押し当て、本体が振動するまで静止します。

⑧ 「指紋の登録完了」と表示されたら、[完了]をタッチします。

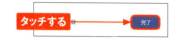

MEMO Payトリガー

Payトリガーは、指紋センサーを長押しすると電子決済アプリを起動できるAQUOSの独自機能です。ホーム画面を左方向にフリックし、[AQUOSトリック]→[指紋センサーとPayトリガー]→[Payトリガー]→[起動アプリ]の順でタッチして、使用する決算系アプリを選択して設定します。

Section **59**

顔認証で画面ロックを解除する

Application

SH-53Eでは顔認証を利用してロックの解除などを行うこともできます。ロック画面を見るとすぐに解除するか、時計や通知を見てから解除するかを選択できます。

顔データを登録する

1. 「設定」アプリを開いて、[セキュリティーとプライバシー]→[デバイスのロック]→[顔認証]の順にタッチします。PINなど、予備の解除方法を設定していない場合は、P.162を参考に設定します。

タッチする

2. 「顔認証によるロック解除」画面が表示されます。[次へ][OK][アプリの使用時のみ]などをタッチして進みます。

タッチする

3. SH-53Eに顔をかざすと、自動的に認識されます。「マスクをしたままでも顔認証」画面が表示されたら、[有効にする]または[スキップ]をタッチします。

4. 「ロック解除後の動作」画面が表示されたら、[OK]をタッチします。

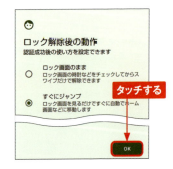

タッチする

顔認証の設定を変更する

(1) P.166手順①の画面を表示し、[顔認証]をタッチします。ロック解除の操作を行います。

(2) 「顔認証」画面が表示され、ロックの解除タイミングの設定や顔データの削除を行えます。

(3) ここでは[すぐにジャンプ]をタッチします。

MEMO 顔データの削除

顔データは1つしか登録できないので、顔データを更新したい場合は、前のデータを先に削除する必要があります。手順②の画面で[顔データの削除]→[はい]の順にタッチすることで、顔データが削除されます。

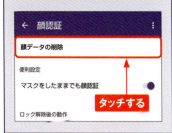

Section 60

スクリーンショットを撮る

Application

「Clip Now」を利用すると、画面をスクリーンショットで撮影（キャプチャ）して、そのまま画像として保存できます。画面の縁をなぞるだけでよいので、手軽にスクリーンショットが撮れます。

Clip Nowをオンにする

① ホーム画面を左方向に1回フリックし、[AQUOSトリック]をタッチします。

① フリックする
② タッチする

② 「AQUOSトリック」画面で[Clip Now]をタッチします。説明が表示されたら[閉じる]をタッチします。

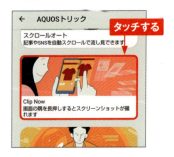

タッチする

③ [Clip Now]をタッチしてオンにします。アクセス許可に関する画面が表示されたら、[次へ]や[許可]をタッチします。

タッチする

MEMO キーを押してスクリーンショットを撮る

音量キーの下側と電源キーを同時に1秒以上長押しして、画面のスクリーンショットを撮ることもできます。スクリーンショットは、SH-53E内の「Pictures」-「Screenshots」フォルダに画像ファイルとして保存され、「フォト」アプリなどで見ることができます。

スクリーンショットを撮る

① 画面の上端をロングタッチします。

② 指を離すと、スクリーンショットが撮影できます。

③ 画面下方にキャプチャした画像のサムネイルが表示されます。［編集］をタッチします。「フォトで編集」の確認画面が表示されるので、ここでは［1回のみ］をタッチします。

④ 「フォト」アプリで画像が表示されます。その後も、通常の写真と同様に「フォト」アプリで見ることができます。

Section **61**

スリープモードになるまでの時間を変更する

Application

初期設定では、SH-53Eは何も操作をしないと30秒でスリープモード（P.10）になるよう設定されています。スリープモードになるまでの時間は変更できます。

スリープモードになるまでの時間を変更する

① 「設定」アプリを開いて［ディスプレイ］をタッチします。

② ［画面消灯（スリープ）］をタッチします。

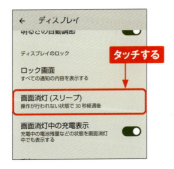

③ スリープモードになるまでの時間は7段階から選択できます。

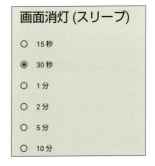

④ スリープモードに移行するまでの時間をタッチして設定します。

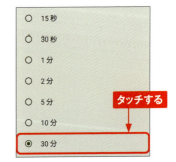

Section 62

リラックスビューを設定する

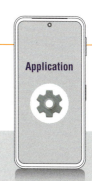

「リラックスビュー」を設定すると、画面が黄色味がかった色合いになり、薄明りの中でも画面が見やすくなって、目が疲れにくくなります。暗い室内で使うと効果的です。

リラックスビューを設定する

1. P.170手順②の画面で[リラックスビュー]をタッチします。

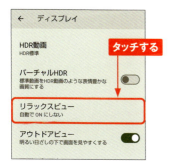

2. 表示された画面で[リラックスビューを使用]をタッチすると、リラックスビューが有効になります。

3. 「黄味の強さ」の●を左右にドラッグすることで、色合いを調節できます。

MEMO リラックスビューの自動設定

手順②の画面で[スケジュール]をタッチすると、リラックスビューに自動的に切り替わる時間を設定できます。また、[指定した時間にON]をタッチして時間を設定することもできます。

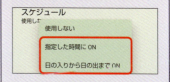

Section **63**

電源キーの長押しで起動するアプリを変更する

Application

SH-53Eの操作中に電源キーを長押しすると、初期状態では「アシスタント」アプリが起動します。設定を変更して、よく使うアプリを電源キーから起動できるようにすると便利です。

クイック操作を設定する

① ホーム画面を左方向に1回フリックし、[AQUOSトリック]をタッチします。

② 「AQUOSトリック」画面で[クイック操作]をタッチします。

③ [長押しでアプリ起動]をタッチします。

④ 電源キーを長押しすると起動するアプリを選んでタッチします。

Section 64

アプリのアクセス許可を変更する

アプリの初回起動時にアクセスを許可していない場合、アプリが正常に動作しないことがあります（P.20MEMO参照）。ここでは、アプリのアクセス許可を変更する方法を紹介します。

アプリのアクセスを許可する

① 「設定」アプリを開いて、[アプリ] をタッチします。「アプリ」画面で [××個のアプリをすべて表示] をタッチします。

② 「すべてのアプリ」画面が表示されたら、アクセス許可を変更したいアプリ（ここでは[+メッセージ]）をタッチします。

③ 「アプリ情報」画面が表示されたら、[権限] をタッチします。

④ 「アプリの権限」画面が表示されたら、アクセスを許可する項目をタッチしてオンに切り替えます。

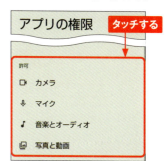

Section 65

エモパーを活用する

SH-53Eには、天気やイベントの情報などを話したり、画面に表示したりして伝えてくれる「エモパー」機能が搭載されています。エモパーを使って音声でメモをとることもできます。

エモパーの初期設定をする

(1) アプリ一覧画面から[エモパー]をタッチして起動します。画面を左方向に4回フリックし、[エモパーを設定する]をタッチします。利用規約が表示されたら[同意する]をタッチします。「エモパーを選ぼう」画面が表示されたら、性別やキャラクターの1つをタッチします。

(2) ひらがなで名前を入力し、[次へ]をタッチします。

(3) あなたのプロフィールを設定し、[次へ]をタッチします。

(4) アクセス許可についてのメッセージが表示されたら[分かりました]をタッチし、[常に許可]をタッチします。

⑤ 自宅を設定します。住所や郵便番号を入力して🔍をタッチします。

⑥ 自宅の位置をタッチし、[次へ]をタッチします。

⑦ [完了]をタッチします。COCORO MEMBERSの登録画面が表示されたら、[いますぐ使う（スキップ）]をタッチします。許可についてのメッセージが表示されたら[次へ]をタッチして、画面の指示に従い許可設定を行います。

⑧ ロック画面に天気やニュースが表示されるようになります。

MEMO エモパーのしゃべるタイミング

エモパーは、「自宅で、ロック画面中や画面消灯中に端末を水平に置いたとき」「ロック画面で2秒以上振ったとき」「充電を開始／終了したとき」などにしゃべります。基本的にはエモパーがしゃべる場所は自宅のみです。
なお、エモパーの話を止めたいときは、話している最中に端末を裏返すか、近接センサー／明るさセンサー（P.8参照）に手を近づけます。

エモパーを利用する

① ロック画面の天気やイベントなどの表示をロングタッチします。

② 情報がプレビュー表示されます。手順①で天気やイベントを2回タッチすると、詳細な情報を見ることができます。

③ P.175手順⑤〜⑥で自宅に設定した場所で、ロック画面を右方向にフリックすると、「エモパー」画面が表示されます。

④ 画面を上方向にフリックし、バブルをタッチすると詳しい情報を見ることができます。

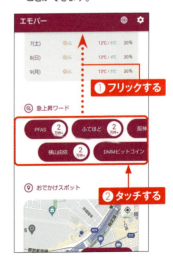

Section 66

画面のダークモードをオフにする

Application

初期状態のSH-53Eでは、黒基調のダークモードが適用されています。目にやさしく、消費電力も抑えられます。黒基調の画面が好みでない場合は、ダークモードをオフにしましょう。

ダークモードをオフにする

1 「設定」アプリを開いて[ディスプレイ]をタッチします。

2 「デザイン」の[ダークモード]の●をタッチします。

3 スイッチが●に切り替わり、ダークモードがオフになります。

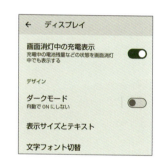

4 ダークモードがオフになると、設定メニュー、クイック検索ボックス、フォルダの背景、対応したアプリの画面などが白地で表示されます。

Section 67

おサイフケータイを設定する

SH-53Eはおサイフケータイ機能を搭載しています。電子マネーの楽天Edy、WAON、QUICPay、モバイルSuica、各種ポイントサービス、クーポンサービスに対応しています。

おサイフケータイの初期設定をする

① アプリ一覧画面の「ツール」フォルダを開き、[おサイフケータイ]をタッチします。

② 初回起動時はアプリの案内が表示されるので、[次へ]をタッチします。続いて、利用規約が表示されるので、「同意する」にチェックを付け、[次へ.]をタッチします。「初期設定完了」と表示されたら[次へ]をタッチします。

③ 「Googleでログイン」についての画面が表示されたら、[次へ]をタッチします。

④ Googleアカウントでのログインを促す画面が表示されたら、[ログインはあとで]をタッチします。

(5) サービスの一覧が表示されます。ここでは、[楽天Edy] をタッチします。

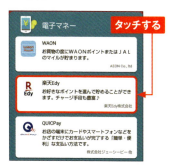

(6) 詳細が表示されるので、[サイトへ接続] をタッチします。

(7) 「Playストア」アプリの画面が表示されます。[インストール] をタッチします。

(8) インストールが完了したら、[開く] をタッチします。

(9) 「楽天Edy」アプリの初期設定画面が表示されます。画面の指示に従って初期設定を行います。

Section **68**

バッテリーや通信量の消費を抑える

Application

「長エネスイッチ」や「データセーバー」をオンにすると、バッテリーや通信量の消費を抑えることができます。状況に応じて活用し、肝心なときにSH-53Eが使えないということがないようにしましょう。

長エネスイッチをオンにする

① 「設定」アプリを開いて、[バッテリー]をタッチします。

② [長エネスイッチ]をタッチします。

③ [長エネスイッチの使用]をタッチしてオンにします。

④ 必要に応じて、制限したくない項目をタッチしてオフにします。

データセーバーをオンにする

① 「設定」アプリを開いて、[ネットワークとインターネット]をタッチします。

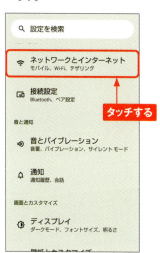

② [データセーバー]をタッチします。

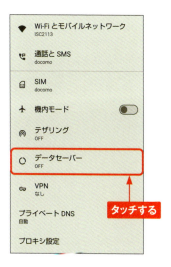

③ [データセーバーを使用]をタッチしてオンにします。[モバイルデータの無制限利用]をタッチします。

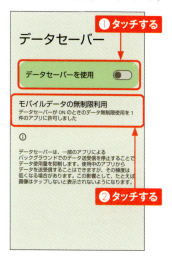

④ バックグラウンドでの通信を停止するアプリが表示されます。常に通信を許可するアプリがある場合は、アプリ名をタッチしてオンにします。

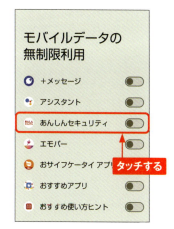

Section 69

Wi-Fiを設定する

自宅のアクセスポイントや公衆無線LANなどのWi-Fiネットワークがあれば、5G/4G（LTE）回線を使わなくてもインターネットに接続できます。Wi-Fiを利用することで、より快適にインターネットが楽しめます。

Wi-Fiに接続する

(1) 「設定」アプリを開いて、[ネットワークとインターネット]→[Wi-Fiとモバイルネットワーク]をタッチします。

(2) [Wi-Fi]が「OFF」の場合は、タッチしてオンにします。

(3) 接続先のWi-Fiネットワークをタッチします。

(4) パスワードを入力し、[接続]をタッチすると、Wi-Fiネットワークに接続できます。

Wi-Fiネットワークを追加する

① Wi-Fiネットワークに手動で接続する場合は、P.182手順③の画面を上方向にスライドし、画面下部にある[ネットワークを追加]をタッチします。

② 「ネットワーク名」にSSIDを入力し、「セキュリティ」の項目をタッチします。

③ 適切なセキュリティの種類をタッチして選択します。

④ 「パスワード」を入力して[保存]をタッチすると、Wi-Fiネットワークに接続できます。

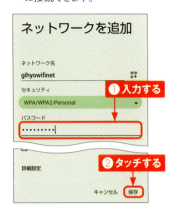

MEMO 本体のMACアドレスを使用する

Wi-Fiに接続する際、標準でランダムなMACアドレスが使用されます。アクセスポイントの制約などで、本体の固有のMACアドレスで接続する場合は、手順④の画面で[詳細設定]をタッチし、[ランダムMACを使用]→[デバイスのMACを使用]の順でタッチして切り替えます。固有のMACアドレスは設定メニューの[デバイス情報]をタッチし、「デバイスのWi-Fi MACアドレス」の表示で確認できます。

Section **70**

Wi-Fiテザリングを利用する

Wi-Fiテザリングは「モバイルWi-Fiルーター」とも呼ばれる機能です。SH-53Eを経由して、同時に最大10台までのパソコンやゲーム機などをインターネットにつなげることができます。

Wi-Fiテザリングを設定する

① 「設定」アプリを開いて、[ネットワークとインターネット]をタッチします。

② [テザリング]をタッチします。

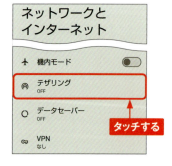

③ [Wi-Fiテザリング]をタッチします。

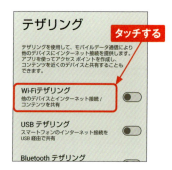

④ [ネットワーク名]と[Wi-Fiテザリングのパスワード]をタッチして、任意のネットワーク名とパスワードを入力します。

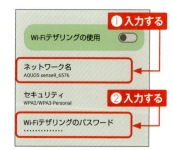

⑤ [Wi-Fiテザリングの使用]をタッチして、オンに切り替えます。なお、データセーバーがオンの状態では切り替えができません（P.181参照）。

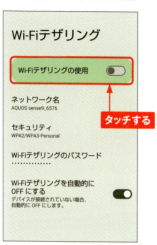

タッチする

⑥ Wi-Fiテザリングがオンになると、ステータスバーにWi-Fiテザリング中であることを示すアイコンが表示されます。

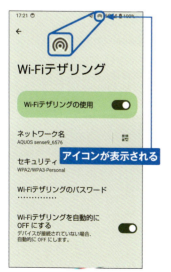

アイコンが表示される

⑦ Wi-Fiテザリング中は、ほかの機器からSH-53EのSSIDが見えます。SSIDをタッチして、P.184手順④で設定したパスワードを入力して接続すると、SH-53E経由でインターネットにつなげることができます。

SH-53EのSSID

MEMO テザリングオート

自宅などのあらかじめ設定した場所を認識して、自動的にテザリングのオン／オフを切り替えてくれる機能です。AQUOSトリックから設定できます（P.172参照）。

Section **71**

Bluetooth機器を利用する

Bluetooth対応のイヤフォン、スピーカー、キーボードなどとの接続（ペアリング）は、以下の手順で設定します。ほかに、Bluetoothは付近のスマートフォンと通信するのにも使われます。

Bluetooth機器とペアリングする

① あらかじめ、接続したいBluetooth機器をペアリングモードにしておきます。アプリ一覧画面で、[設定]をタッチします。

② [接続設定]をタッチします。

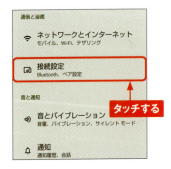

③ [新しいデバイスとペア設定]をタッチします。

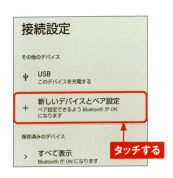

④ 周辺にあるペアリング可能な機器がスキャンされます。

(5) ペアリングする機器をタッチします。

(6) ペア設定の確認画面で [ペア設定する] をタッチします。キーボードを接続する場合は、キーボード側でBluetoothペア設定コードを入力して [Enter] キーまたは [Return] キーを押します。

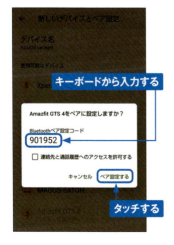

(7) 機器との接続が完了します。機器名をタッチします。

(8) 利用可能な機能を確認できます。なお、[削除] をタッチすると、接続設定を削除できます。

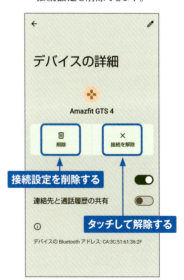

Section 72

SH-53Eを
アップデートする

SH-53Eは本体のソフトウェアを更新することができます。システムアップデートを行う際は、万一の事態に備えて、データのバックアップを実行しておきましょう。

🔷 システムアップデートを確認する

① 「設定」アプリを開いて、[システム] をタッチします。

② [システムアップデート] をタッチします。

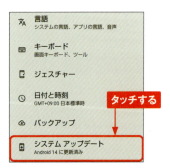

③ [アップデートを確認] をタッチすると、システムアップデートの有無が確認されます。アップデートがある場合、画面の指示に従い、アップデートを開始します。

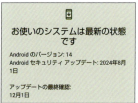

MEMO バックアップを取る

手順②の画面で [バックアップ] をタッチすると、Googleアカウントを利用したバックアップの設定が確認できます。[今すぐバックアップ] をタッチすると、バックアップが実行できます。

Section 73

SH-53Eを初期化する

SH-53Eの動作が不安定なときは、本体を初期化すると改善する場合があります。重要なデータを残したい場合は、事前にデータのバックアップを実行しておきましょう。

Application

SH-53Eを初期化する

(1) 「設定」アプリを開いて、[システム] → [リセットオプション] の順にタッチします。

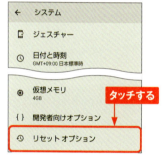

(2) [すべてのデータを消去（初期設定にリセット）] をタッチします。

(3) メッセージを確認して、[すべてのデータを消去] をタッチします。画面ロックにPINを設定している場合（Sec.57参照）、PINの確認画面が表示されます。

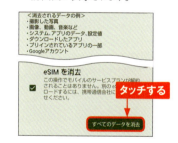

(4) この画面で [すべてのデータを消去] をタッチすると、SH-53Eが初期化されます。

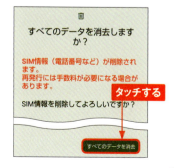

189

索引

記号・アルファベット

+メッセージ	90
12キーキーボード	26
Android	8
Bluetooth	186
Chrome	66
Clip Now	168
dアカウント	36
d払い	148
dメニュー	142
Gboard	24
Gemini	102
Gmail	94
Google Play	104
Google Playギフトカード	108
Googleアカウント	32
Googleアシスタント	100
Googleマップ	110
Googleレンズ	132
Googlフォト	134
MACアドレス	183
my daiz	144
My docomo	146
Payトリガー	165
PCメール	97
QRコード	133
QWERTYキーボード	27
SmartNews for docomo	150
spモードパスワード	36
USBの設定	120
Webページ	66
Wi-Fi	182
Wi-Fiテザリング	184
Yahoo!メール	96
YouTube	116
YouTube Music	122

あ行

アクセス許可	173
新しいAIアシスタント	102
アプリ	20
検索	104
アプリアイコン	156
アンインストール	107
暗証番号	162
インストール	106
ウィジェット	22
絵文字	29
エモパー	174
おサイフケータイ	178
お知らせアイコン	16
音楽	122
音声入力	24
音量	62

か行

ガイド線	129
顔認証	166
顔文字	29
各部名称	8
カスタマイズ	156
壁紙	158
カメラ	124
設定	128
画面ロック	162
キーボード	25
記号	29
機能ボタン	19
クイック操作	172
クイック返信	47
クラウド機能	52
グループ	72
現在地	111
検索	68
コピー&ペースト	30

さ行

撮影画面	126
システムアップデート	188
自動振分け	86
自分の情報	57
指紋認証	164
写真	124
検索	140

削除 ………………………………… 135	
編集 ………………………………… 136	
受信したメール ……………………… 84	
初期化 ………………………………… 189	
新規連絡先 …………………………… 54	
ズーム倍率 …………………………… 127	
スクリーンショット ………………… 168	
スケジュール ………………………… 152	
ステータスバー ……………………… 16	
ステータスパネル …………………… 18	
スライド ……………………………… 13	
スリープモード ……………… 10, 170	
セキュリティインジケーター ……… 16	
操作音 ………………………………… 64	

た行

ダークモード ………………………… 177
タッチ ………………………………… 13
縦横比 ………………………………… 130
タブ …………………………………… 70
着信音 ………………………………… 61
着信拒否 ……………………………… 58
長エネスイッチ ……………………… 180
通知 …………………………………… 160
　確認 ………………………………… 17
通知音 ………………………………… 60
通話音声メモ ………………………… 50
通話履歴から登録 …………………… 55
データセーバー ……………………… 181
テザリングオート …………………… 185
デバイスを探す ……………………… 114
電源を切る …………………………… 11
伝言メモ ……………………………… 48
電話をかける ………………………… 44
動画 …………………………………… 125
　編集 ………………………………… 138
トグル入力 …………………………… 26
ドコモ電話帳 ………………………… 52
ドコモのアプリ ……………………… 154
ドコモメール ………………………… 78
　アドレス …………………………… 80
　新規作成 …………………………… 82
ドラッグ ……………………………… 13

な・は行

ナビゲーションバー ………………… 12
ネットワーク暗証番号 ……………… 36
パソコン ……………………………… 120
バックアップする写真 ……………… 139
発着信履歴 …………………………… 46
被写体認識機能 ……………………… 126
ピンチアウト ………………………… 13
ピンチイン …………………………… 13
フォルダ ……………………………… 157
複数のWebページ …………………… 70
ブックマーク ………………………… 74
フリック ……………………………… 13
フリック入力 ………………………… 26
振分けルール ………………………… 86
ページ内検索 ………………………… 69
返信 …………………………… 85, 93
ポートレート ………………………… 131
ホーム画面 …………………… 14, 156
ホームボタン ………………………… 12

ま・や行

マナーモード ………………………… 63
迷惑電話対策 ………………………… 59
迷惑メール …………………………… 88
メッセージを送信 …………………… 92
メニューボタン ……………………… 12
目的の施設 …………………………… 112
文字種 ………………………………… 28
戻るボタン …………………………… 12
有料アプリ …………………………… 108

ら・わ行

楽天Edy ……………………………… 178
リラックスビュー …………………… 171
履歴ボタン …………………………… 12
ルート ………………………………… 113
ロック・ホームフォトシャッフル ………… 159
ロックを解除 ………………………… 10
ロングタッチ ………………………… 13

191

お問い合わせについて

本書に関するご質問については、本書に記載されている内容に関するもののみとさせていただきます。本書の内容と関係のないご質問につきましては、一切お答えできませんので、あらかじめご了承ください。また、電話でのご質問は受け付けておりませんので、必ずFAXか書面にて下記までお送りください。
なお、ご質問の際には、必ず以下の項目を明記していただきますようお願いいたします。

1 お名前
2 返信先の住所またはFAX番号
3 書名
 （ゼロからはじめる　AQUOS sense9 SH-53E　スマートガイド
 ［ドコモ完全対応版］）
4 本書の該当ページ
5 ご使用のソフトウェアのバージョン
6 ご質問内容

なお、お送りいただいたご質問には、できる限り迅速にお答えできるよう努力いたしておりますが、場合によってはお答えするまでに時間がかかることがあります。また、回答の期日をご指定なさっても、ご希望にお応えできるとは限りません。あらかじめご了承くださいますよう、お願いいたします。ご質問の際に記載いただきました個人情報は、回答後速やかに破棄させていただきます。

お問い合わせの例

FAX

1 お名前
 技術　太郎
2 返信先の住所またはFAX番号
 03-XXXX-XXXX
3 書名
 ゼロからはじめる
 AQUOS sense9 SH-53E
 スマートガイド
 ［ドコモ完全対応版］
4 本書の該当ページ
 20ページ
5 ご使用のソフトウェアのバージョン
 Android 14
6 ご質問内容
 手順3の画面が表示されない

お問い合わせ先

〒162-0846
東京都新宿区市谷左内町 21-13
株式会社技術評論社　書籍編集部
「ゼロからはじめる　AQUOS sense9 SH-53E　スマートガイド　［ドコモ完全対応版］」質問係
FAX番号　03-3513-6167
URL：https://book.gihyo.jp/116/

ゼロからはじめる
AQUOS sense9 SH-53E スマートガイド
［ドコモ完全対応版］

アクオス　　　センスナイン　　エスエイチゴサンイー
かんぜんたいおうばん

2025年2月11日　初版　第1刷発行

著者	技術評論社編集部
発行者	片岡　巌
発行所	株式会社 技術評論社 東京都新宿区市谷左内町 21-13
電話	03-3513-6150　販売促進部 03-3513-6160　書籍編集部
編集	渡邉　健多（技術評論社）
装丁	菊池　祐（ライラック）
本文デザイン	リンクアップ
DTP	リンクアップ
製本／印刷	TOPPANクロレ株式会社

定価はカバーに表示してあります。

落丁・乱丁がございましたら、弊社販売促進部までお送りください。交換いたします。
本書の一部または全部を著作権法の定める範囲を超え、無断で複写、複製、転載、テープ化、ファイルに落とすことを禁じます。

© 2025 技術評論社

ISBN978-4-297-14684-9　C3055

Printed in Japan